SHENMI
DE TAIKONG
SHIJIE CONGSHU

神秘的太空世界丛书

神秘的太空

刘芳 主编

U0661732

时代出版传媒股份有限公司
安徽文艺出版社

图书在版编目（CIP）数据

神秘的太空 / 刘芳主编. — 合肥：安徽文艺出版社，2012.2（2024.1重印）

（时代馆书系·神秘的太空世界丛书）

ISBN 978-7-5396-3978-9

Ⅰ．①神… Ⅱ．①刘… Ⅲ．①空间探索－青年读物②空间探索－少年读物 Ⅳ．①V11-49

中国版本图书馆 CIP 数据核字(2011)第 247520 号

神秘的太空

SHENMI DE TAIKONG

··

出 版 人：朱寒冬

责任编辑：宋潇婧　　　　　　装帧设计：三棵树　文艺

··

出版发行：安徽文艺出版社　　www.awpub.com

地　　址：合肥市翡翠路 1118 号　　邮政编码：230071

营 销 部：(0551)3533889

印　　制：唐山富达印务有限公司　电话：(022)69381830

··

开本：700×1000　1/16　印张：11　字数：174 千字

版次：2012 年 2 月第 1 版

印次：2024 年 1 月第 4 次印刷

定价：48.00 元

··

前 言
PREFACE

太空浩渺深邃，无边无际，无始无终，充满了神秘色彩。多少年来，每当夜幕降临，我们遥望星空，对无限的星空充满了遐想。

太空之浩渺，从人类对太阳系的了解中就可见一斑，现在我们已经知道，太阳系是个庞大的天体系统，主要包括八大行星，几十颗卫星以及数以千计的小行星和无数的星际尘埃等物质，可这么庞大的太阳系只是组成更为庞大的银河系中极微小的一部分，而在太空里像银河系这样庞大的星系数以10亿计，而且还有更遥远的河外星系没有被发现，所有这些星系都是在一个更加庞大的集团——总星系里。而太空中总星系却又不知有多少，可见太空有多宽广，有多浩渺。

太空到处充满了神秘，八大行星几百年一聚首；水星徒有其名，滴水全无；中子星的密度惊人，每立方厘米的质量竟有1亿吨之巨，简直无法想象；宇宙黑洞、白洞处处充满悬疑，无法观测到，却能肯定其存在。太多太多的神奇时刻在太空上演，令人目不暇给，令人瞠目结舌。

尽管如今我们已经可以看到距我们数百万光年的星星发出的光芒，尽管我们已经踏上了月球，已经可以探测到金星、木星、土星乃至更远的星际空间，但是我们力所不及的地方还是太多太多了。目前我们所知道的不过是沧海一粟，对于太空这个汪洋大海，人类所能做的也许永远只能是探索，探索，再探索。

来吧，跟随本文开始这次奇妙的太空探索之旅吧。

Contents 目 录

宇宙的形成假说

YUZHOU DE XINGCHENG JIASHUO

　　宇宙是什么？宇宙是怎样形成的？它经历了怎样的历程才成为今天的模样？关于这些问题，人类很早就开始了探寻。对宇宙的形成，人们根据对日月星辰的观察和了解，逐渐提出了自己的推断：从天圆地方的"盖天说"到骇人听闻的"大爆炸学说"，虽然有些推断显得很幼稚，但毕竟是人类对宇宙形成的一种解释，一种探求真理的努力和尝试，这在一定程度上表明了人类的进取精神。但假说毕竟是假说，不能当做真理，探索刚刚开始，相信终有一日人类会圆满解决宇宙是如何形成的这一重大问题的。

"盖天说"

　　"盖天说"是我国古代最早的宇宙结构学说。这一学说认为，天是圆形的，像一把张开的大伞覆盖在地上；地是方形的，像一个棋盘，日月星辰则像爬虫一样过往天空，因此这一学说又被称为"天圆地方说"。

　　"天圆地方说"虽然符合当时人们粗浅的观察常识，但实际上却很难自圆其说。比如方形的地和圆形的天怎样连接起来，就是一个问题。于是，天圆地方说又修改为：天并不与地相接，而是像一把大伞高悬在大地上空，中间有绳子缚住它的枢纽，四周还有八根柱子支撑着。但是，这八根柱子撑在什么地方呢？天盖的伞柄插在哪里？扯着大帐篷的绳子又拴在哪里？这些也都是天圆地方说无法回答的。

到了战国末期，新的盖天说诞生了。新盖天说认为，天像覆盖着的斗笠，地像覆盖着的盘子，天和地并不相交，天地之间相距8万里。盘子的最高点便是北极。太阳围绕北极旋转，太阳落下并不是落到地下面，而是到了我们看不见的地方，就像一个人举着火把跑远了，我们就看不到了一样。新盖天说不仅在认识上比天圆地方说前进了一大步，而且对古代数学和天文学的发展产生了重要的影响。

在新盖天说中，有一套很有趣的天高地远的数字和一张说玥太阳运行规律的示意图——七衡六间图。古代许多圭表都是高8尺，这和新盖天说中的天地相距8万里有直接关系。

盖天说是一种原始的宇宙认识论，它对许多宇宙现象不能作出正确的解释，同时本身又存在许多漏洞。到了唐代，天文学家一行等人通过精确的测量，彻底否定了盖天说中"日影千里差一寸"的说法后，盖天说就无从立脚了。

知识点

圭　表

圭表是利用日影进行测量的古代天文仪器，早在公元前7世纪，我国就开始使用了。

圭表由"圭"和"表"两个部件组成。直立于平地上测日影的标杆和石柱，就是表；正南正北方向平放的测定表影长度的刻板，叫做圭。利用圭表测定正午的日影长度可以定回归年或阳历年。

"浑天说"

日月星辰东升西落，它们从哪里来，又到哪里去了呢？日月在东升以前和西落以后究竟停留在什么地方？这些问题一直使古人困惑不解。直到东汉时，著名的天文学家张衡提出了完整的"浑天说"思想，才使人们对这个问题的认识前进了一大步。

浑天说认为，天和地的关系就像鸡蛋中蛋白和蛋黄的关系一样，地被天包在当中。浑天说中天的形状，不像盖天说所说的那样是半球形的，而是一个南北短、东西长的椭圆球。大地也是一个球，这个球浮在水上，回旋漂荡；后来又有人认为地球是浮于气上的。不管怎么说，浑天说包含着朴素的"地动说"的萌芽。

用浑天说来说明日月星辰的运行出没是相当简洁而自然的。浑天说认为，日月星辰都附着在天球上。白天，太阳升到我们面对的这边来，星星落到地球的背面去；到了夜晚，太阳落到地球的背面去，星星升上来。如此周而复始，便有了星辰日月的出没。

浑天说把地球当做宇宙的中心，这一点与盛行于欧洲古代的"地心说"不谋而合。不过，浑天说虽然认为日月星辰都附在一个坚固的天球上，但并不认为天球之外就一无所有了。而是说那里是未知的世界。这是浑天说比地心说高明的地方。

浑天说提出后，并未能立即取代盖天说，而是两家各执一端，争论不休。但是，在宇宙结构的认识上，浑天说显然要比盖天说进步得多，能更好地解释许多天象。

另一方面，浑天说有两大法宝：一是当时最先进的观天仪——浑仪，借助于它，浑天家可以用精确的观测事实来论证浑天说。在中国古代，依据这些观测事实而制定的历法具有相当的精度，这是盖天说所无法比拟的。另一大法宝就是浑象，利用它可以形象地演示天体的运行，使人们不得不折服于浑天说的卓越思想，因此，浑天说逐渐取得了优势地位。到了唐代，天文学家一行等人通过大地测量彻底否定了盖天说，使浑天说在中国古代天文领域称雄了上千年。

➤ 知识点

浑仪与浑象

浑仪是以"浑天说"为理论基础制造的、由相应天球坐标系各基本圈的环规及瞄准器构成的古代天文测量天体的仪器。浑仪的最基本构件是四游仪和赤道环。四游仪由窥管和一个双重的圆环组成，窥管是一根中空的管子。浑象是根据"浑天说"用来演示天体在天球上视运动及测量黄赤道坐标差的仪器。浑象与浑仪合称浑天仪。

"宣夜说"

　　"宣夜说"是我国历史上最有卓见的宇宙无限论思想。它最早出现于战国时期，到汉代则已明确提出。"宣夜"是说天文学家们观测星辰常常喧闹到半夜还不睡觉。据此推想，宣夜说是天文学家们在对星辰日月的辛勤观察中得出的。

　　不论是中国古代的盖天说、浑天说，还是西方古代的地心说，乃至哥白尼的日心说，无不把天看作一个坚硬的球壳，星星都固定在这个球壳上。宣夜说否定这种看法，认为宇宙是无限的，宇宙中充满着气体，所有天体都在气体中漂浮运动。星辰日月的运动规律是由它们各自的特性所决定的，决没有坚硬的天球或是什么本轮、均轮来束缚它们。宣夜说打破了固体天球的观念，这在古代众多的宇宙学说中是非常难得的。这种宇宙无限的思想出现于2000多年前，是非常可贵的。

　　另一方面，宣夜说创造了天体漂浮于气体中的理论，并且在它的进一步发展中认为连天体自身、包括遥远的恒星和银河都是由气体组成的。这种十分令人惊异的思想，竟和现代天文学的许多结论相一致。

　　宣夜说不仅认为宇宙在空间上是无边无际的，而且还进一步提出宇宙在时间也是无始无终的、无限的思想。它在人类认识史上写下了光辉的一页。可惜宣夜说的卓越思想在中国古代没有受到重视，几至于失传。

···▶ 知识点

本轮与均轮

　　本轮和均轮是古希腊天文学家阿波罗尼提出的用来解释宇宙"地心体系"

的一种假想的圆圈，行星沿本轮绕本轮中心旋转，而本轮中心则沿均轮绕地球运转。在一定时期和程度上，本轮和均轮较为圆满地解释了行星运动的"逆"和"留"等现象。

"地心说"

"地心说"是长期盛行于古代欧洲的宇宙学说。它最初由古希腊学者欧多克斯提出，后经亚里士多德、托勒密进一步发展而逐渐建立和完善起来。

托勒密认为，地球处于宇宙中心静止不动。从地球向外，依次有月球、水星、金星、太阳、火星、木星和土星，在各自的圆轨道上绕地球运转。其中，行星的运动要比太阳、月球复杂些：行星在本轮上运动，而本轮又沿均轮绕地运行。在太阳、月球、行星之外，是镶嵌着所有恒星的天球——恒星天。再外面，是推动天体运动的原动天。

地心说是世界上第一个行星体系模型。尽管它把地球当做宇宙中心是错误的，然而它的历史功绩不应抹杀。地心说承认地球是"球形"的，并把行星从恒星中区别出来，着眼于探索和揭示行星的运动规律，这标志着人类对宇宙认识的一大进步。地心说最重要的成就是运用数学计算行星的运行，托勒密还第一次提出"运行轨道"的概念，设计出了一个本轮—均轮模型。按照这个模型，人们能够对行星的运动进行定量计算，推测行星所在的位置，这是一个了不起的创造。在一定时期里，依据这个模型可以在一定程度上正确地预测天象，因而在生产实践中也起过一定的作用。

地心说中的本轮—均轮模型，毕竟是托勒密根据有限的观测资料拼凑出来的，他是通过人为地规定本轮、均轮的大小及行星运行速度，才使这个模型和实测结果取得一致。但是，到了中世纪后期，随着观测仪器的不断改进，行星位置和运动的测量越来越精确，观测到的行星实际位置同这个模型的计算结果的偏差，就逐渐显露出来了。

但是，信奉地心说的人们并没有认识到这是由于地心说本身的错误造成的，却用增加本轮的办法来补救地心说。起初这种办法还能勉强应付，后来小本轮增加到80多个，但仍不能满意地计算出行星的准确位置。这不能不使人怀疑地心说的正确性了。到了 16 世纪，哥白尼在持日心地动观的古希腊先辈和同时代学者的基础上，终于创立了"日心说"。从此，地心说便逐渐被淘汰了。

"日心说"

1543 年，波兰天文学家哥白尼在临终时发表了一部具有历史意义的著作——《天体运行论》，完整地提出了"日心说"理论。这个理论体系认为，太阳是行星系统的中心，一切行星都绕太阳旋转。地球也是一颗行星，它一面像陀螺一样自转，一面又和其他行星一样围绕太阳转动。

日心说把宇宙的中心从地球挪向太阳，这看上去似乎很简单，实际上却是一项非凡的创举。哥白尼依据大量精确的观测材料，运用当时正在发展中的三角学的成就，分析了行星、太阳、地球之间的关系，计算了行星轨道的相对大小和倾角等，"安排"出一个比较和谐而有秩序的太阳系。这比起已经加到 80 余个圈的地心说，不仅在结构上优美和谐得多，而且计算简单。更重要的是，哥白尼的计算与实际观测资料能更好地吻合。因此，日心说最终代替了地心说。

在中世纪的欧洲，托勒密的地心说一直占着统治地位。因为地心说符合神权统治理论的需要，它与基督教会所渲染的"上帝创造了人，并把人置于宇宙中心"的说法不谋而合。如果有谁怀疑地心说，那就是亵渎神灵，大逆不道，要受到严厉制裁。日心说把地球从宇宙中心驱逐出去，显然违背了基督教义，为教会势力所不容。为了捍卫这一学说，不少仁人志士与黑暗的神权统治势力进行了前仆后继的斗争，付出了血的代价。意大利思想家布鲁诺，为了维护日心说，最终被教会用火活活烧死；意大利科学家伽利略，也因为支持日心说而被宗教法庭判处终身监禁；开普勒、牛顿等自然科学家，都为这场斗争作出过重要贡献。

日心说的错误观点

（1）太阳并非宇宙的中心，而是太阳系的中心。
（2）地球并非是引力的中心。
（3）天空中看到的任何运动，不全是地球运动引起的。
（4）地球和其他行星的运行轨道是椭圆而不是圆，不做圆周运动。

"大爆炸学说"

1929 年，天文学家哈勃公布了一个震惊科学界的发现，这个发现在很大程度上导致这样的结论：所有的河外星系都在离我们远去，即宇宙在高速地膨胀着。这一发现促使一些天文学家想到：既然宇宙在膨胀，那么就可能有一个膨胀的起点。天文学家勒梅特认为，现在的宇宙是由一个"原始原子"爆炸而成的，这是大爆炸说的前身。美国天文学家伽莫夫接受并发展了勒梅特的思想，于 1948 年正式提出了宇宙起源的大爆炸学说。

伽莫夫认为，宇宙最初是一个温度极高、密度极大的由最基本粒子组成的"原始火球"。根据现代物理学，这个火球必定迅速膨胀，它的演化过程好像一次巨大的爆发。由于迅速膨胀，宇宙密度和温度不断降低，在这个过程中形成了一些化学元素（原子核），然后形成由原子、分子构成的气体物质。气体物质又逐渐凝聚成星云，最后从星云中逐渐产生各种天体，成为现在的宇宙。

这种学说一般人听起来非常离奇，不可思议。在科学界，也由于这个学说缺乏有力的观测证据，因而在它刚刚问世时，并未予以普遍的响应。

到了 1965 年，宇宙背景辐射的发现使大爆炸说重见天日。原来，大爆炸说曾预言宇宙中还应该到处存在着"原始火球"的"余热"，这种余热应表现为一种四面八方都有的背景辐射。特别令人惊奇的是，伽莫夫预言的"余热"温度竟恰好与宇宙背景辐射的温度相当。另一方面，由于有关的天文学基本数据已被改进，因此根据这个数据推算出来的宇宙膨胀年龄，已从原来的 50 亿年增到 100 亿~200 亿年,这个年龄与天体演化研究中所发现的最老的天体年龄是吻合的。由于大爆炸说比其他宇宙学说能够更多、更好地解释宇宙观测事实,因此愈来愈显示出它的生命力。

现在,大多数天文学家都接受了大爆炸说的基本思想,不少过去不能解释的问题正在逐步解决,它是最有影响、最有希望的一种宇宙学说。

▶▶ 知识点

宇宙背景辐射

宇宙背景辐射又称宇宙微波背景辐射,也称 3 开背景辐射,是指来自宇宙空间背景上的各向同性的微波辐射。频率属于微波范围。宇宙爆炸学说认为宇宙微波背景辐射大约产生于大爆炸后的 30 万年。宇宙大爆炸初期,温度是极高的,之后慢慢降温,到现在(150 亿年以上)大约还残留着 3 开左右的热辐射。

太空岛屿——星系世界

TAIKONG DAOYU XINGXI SHIJIE

　　星系是指由千百亿颗恒星以及分布在它们之间的星际气体、宇宙尘埃等物质构成的天体系统。太空中星系很多，用大型望远镜观测夜空时，会发现众多的大小、形状不一的星系，我们的家园银河系就是其中的普通一员。除银河系外，还有众多的河外星系。这些星系如太空中星罗棋布的"岛屿"，错落有致地分布在茫茫的太空中。

银河系

　　在晴朗的夏夜，总有一条气势磅礴的光带自南向北横贯天空，这就是银河。在我国古代，叫它天河、河汉、银汉、星汉。民间至今还流传着牛郎织女渡天河一年一度相会的神话。

　　在望远镜中观察银河，看到的是密密麻麻的星星，好像宇宙岛上的万家灯火。这个宇宙岛称为银河系，其中居住着包括太阳大家庭在内的1000多亿颗恒星和许多美丽的天体。

　　银河系大得惊人。它是由1000多亿颗恒星和大量的星际气体、宇宙尘埃组成的。如果从遥远的地方观察银河，整个银河系就像一个大铁饼，中间凸起，四周扁平。凸起的地方是它的核球，是恒星密集的地方。四周扁平的盘状区域称为"银盘"。银盘中的星星分布，越靠近边缘越稀疏。核球的大小约为1万多光年，而整个银河系的直径达10万光年。

太阳距银河系的中心约3.3万光年。夏季，当地球转到太阳与银核之间时，满天繁星构成了一幅美丽的银河图景；冬季，地球转到银河系的边缘一端，晚上能看到的恒星就少得多了。

银河系的结构主要可分为银盘（包括旋臂）、核球、银晕，以及外围的银冕等部分：

银盘是银河系的主体，它的外形呈扁盘状，集中了银河系内的大多数恒星和星云，银盘的直径约为8万光年，中间部分较厚，厚度约6000多光年，周围逐渐变薄，到太阳附近便只剩一半厚度了。由于巨大的银河系本身也有自转，银盘中的亿万颗星球环绕银河系中心浩浩荡荡地做着旋转运动，从银盘中心向外弯曲伸展出4条旋臂，看上去犹如急流中的漩涡。太阳就位于其中一条叫"猎户臂"的旋臂上。所谓旋臂实际上是恒星、星际气体和尘埃的集聚区域，但这集聚着物质的旋臂并不像电风扇叶片那样固定不变，恒星始终在旋臂中进进出出，只是它们能够在运动中基本做到"收支平衡"，所以，看上去旋臂的形状保持不变。

银河系的中央部分是一个恒星分布相当致密的核球，直径约1.2万~1.5万光年，略呈椭球形状。由于大量的星云和气体尘埃的阻挡，对核球方向的天文观测十分困难，所以，人们至今对它知之甚少，但可以肯定核球内的恒星分布是十分密集的。

银晕是在银盘外围由稀疏的恒星和星际介质组成的一个巨大包层，它的体积至少是银盘的50多倍，但质量却只占银河系的1/10，由此可见其物质密度非常稀薄。事实上，除了那些极其稀薄的星际气体外，银晕中的物质主要是球状星团。

银冕是20世纪70年代中期才被发现的，属于银河系的最外围，它的范围可远及50多万光年以外，比银河系的主体部分要大得多。但银冕内基本上没有恒星，全由极稀薄的气体组成，所以不易准确地测定它的真正范围。

在银河系众多的恒星中，除了以单个的形式，或组成双星、聚星的形式出现外，也有以更多的星聚集在一起的。星数超过10颗以上，彼此具有一定联系的恒星集团，称为星团。使这些恒星团结在一起的是引力。星团的成员多的可达几十万颗。它们又可以分成疏散星团和球状星团两类。银河系中遍布着星团，只是不同的地方星团的种类也不同。

疏散星团中恒星的数量较少，一般由十几颗到几十颗恒星所组成，具有不规则的外形结构，多分布在银河系的银盘内。星团的直径大约为 6 ~ 50 光年。组成疏散星团的恒星年龄不等，有许多疏散星团的成员都是非常年轻的恒星。现在已经知道疏散星团的总数有 1000 多个。著名的疏散星团有金牛座昴星团，民间称为"七姐妹星"。其实，昴星团中远不止七颗星，而是由数百颗恒星组成的，与地球相距约 420 光年。此外，毕星团、鬼星团也都是著名的疏散星团。

球状星团是一种规模较大的恒星集团，一般由几千颗到几十万颗恒星组成，它们从边缘向银河中心区域高度聚集。这类星团外形呈球状或扁球状，因此称为球状星团。它们是银河系中恒星分布最为密集的地方之一。球状星团的直径多为 130 ~ 300 光年。现在已发现的球状星团约有 500 个，其中的恒星成员都是相处上百亿年的老朋友了。这

缤纷美丽的银河系

些处于生命晚期的恒星都是银河家族的老前辈，它们都是在银河系形成初期就诞生了。球状星团的成员众多，规模巨大，因此它们的身影有些用肉眼就能看到。比如，武仙座中的大星团 M13 就是一个典型的球状星团，半人马座 ω 星团是全天最亮的球状星团。

知识点

宇宙尘埃

宇宙尘埃指的是飘浮于宇宙间的岩石颗粒与金属颗粒。宇宙尘埃大致有三种类型：一种呈黑色或褐黑色，外表光亮耀眼，像一颗颗发亮的小钢球；

第二种是暗褐色或稍带灰白色的球状、椭球状、圆角状的小颗粒，主要成分为氧、硅、镁、钙、铝等；第三种是一些无色或淡绿色的玻璃球，主要成分为二氧化硅，还含有少量的二价氧化物。

河外星系

如果把太空比喻为无边无际的海洋的话，那么银河系只是大海中的一个很小很小的小岛。在太空中，像银河系这样的恒星系统还有许多许多，它们都是银河系的兄弟姐妹，处于银河系范围之外，天文学上称为"河外星系"。

哈勃望远镜拍摄到的河外星系

河外星系和银河系都是由无数颗恒星组成。河外星系的形态五花八门，丰富多彩。有的像江河里的漩涡，有的像棍棒，有的呈椭圆状和透镜状，也有些是不规则的。河外星系的体积和质量参差不齐，其中有的比银河系还要大得多。可以分为三类：一类是椭圆星系，外形呈正圆形或椭圆形，中心亮，边缘渐暗。另一类是漩涡星系，一般都有一个椭球状的比较明亮的中央核，从核中伸出两条或多条如蚊香般盘旋着的臂，称为旋臂。一部分漩涡星系的核心宛如一个棒状物，也称棒旋星系。第三类称为不规则星系，没有明显的核心和旋臂，外形很不规则，看不出旋转的对称性结构。

星系的大小、质量、亮度相差很大。大的巨椭圆星系的质量可以是银河系的几倍甚至几百倍，而小的矮椭圆星系则可能只有银河系质量的几千分之一，只相当于银河系中的一个球状星团，相对来说，漩涡星系之间的差异不是很大，仅仅相差百倍左右，而我们的银河系则可算是其中的"大个子"了。

人类对河外星系的认识，经历了漫长的过程，直到20世纪初才获得了肯定的结论。现在，人们已经把太空的"地平线"推到了100多亿光年远的地方，观测到的河外星系已在10亿个以上，每个星系里有数以千亿计的星星。

离我们最近的一个河外星系叫大麦哲伦星云，它距离地球约 16 万光年，直径达 5 万光年，我们用肉眼都能看到它。而那些遥远的河外星系，即使用大型天文望远镜，也只能看到一个极暗淡的星斑。

美丽的漩涡星系

漩涡星系是已经观测到的数量最多、外形最美丽的一种星系。它的形状很像江河中的漩涡，因而得名。

漩涡星系侧面看上去很像一块铁饼，中间凸起，四周扁平。从凸起的部分螺旋式地伸展出若干条狭长而明亮的光带——漩臂，这里是气体聚集的场所，也是孕育恒星的摇篮。漩涡星系斜对着我们时，观察到的就是一个椭圆形。

在漩涡星系中，绝大多数恒星都集中在扁平的圆盘内，而在漩臂上集中了大量的星际物质、气体和疏散星团。

漩臂的形状像树木的年轮一样，从中可以看出星系的年龄。漩臂越是明显松散，星系的年龄就越小。这类星系的漩臂中气体充足，不久的将来会有大批

漩涡星系

新的恒星在这里产生。而在漩涡不明显的星系中，大部分气体已转化为恒星，恒星的年龄都较大。银河系、仙女座星系等，都是发展很完整的漩涡星系，它们正处于生命力旺盛的中年时期。

长寿的椭圆星系

椭圆星系因它的形状呈圆形或椭圆形而得名。它是太空中的"老人国"。科学观测表明，椭圆星系中没有什么气体，也找不到年轻的恒星。因为椭圆星系中的所有恒星是在过去遥远的年代里同时诞生的，这使得星系中的气体被一下子消耗殆尽，所以在后来漫长的岁月里，这个星系再也不能造出新的恒星。老的恒星个个都成为老寿星了。

许多椭圆星系都非常巨大。"室女座 A"就是一个拥有两千亿颗恒星的椭圆星系。这个"室女座 A"星系中发生过异常剧烈的大爆发，这使它像一个

脾气暴躁的泼妇。这种特性在许多巨大的椭圆星系身上都能找到。这种骇人的爆发至今还是个不解之谜。

不过，宇宙中像这样巨大的椭圆星系毕竟不是很多，较小的椭圆星系却到处可见。有些竟小到只包含几百万颗恒星。宇宙中最大的和最小的星系都是椭圆星系。

"小人国"——不规则星系

如果说椭圆星系是太空中的"老人国"，那么不规则星系就是一个"小人国"。这种星系没有一定的形状，也没有明显的中心，所以称为不规则星系。不规则星系含有大量气体，年轻的恒星很多，有些还是刚刚问世的。不规

则星系一般质量小，密度低，既小又暗，有些"先天不足"，所以它形成恒星的速度比较慢，和其他类型的星系相比，年老的恒星自然要少得多。

一般的不规则星系多在大型星系附近。比如，大、小麦哲伦云就是银河系最近的邻居。有人推测，不规则星系很可能是在大星系形成之后，由剩余的气体逐渐聚积、演变而成的。如果真是这样，那么大、小麦哲伦云就是银河系的近亲了。

不规则星系

➤➤➤ 知识点

星 团

恒星数目超过10颗以上，并且相互之间存在物理联系（引力作用）的星群就叫星团。由十几颗到几千颗恒星组成的，结构松散、形状不规则的星团称为疏散星团，疏散星团主要分布在银道面，因此又叫做银河星团。由上万颗到几十万颗恒星组成，整体像圆形，中心密集的星团称为球状星团。

"不动"的恒星

太空里数不胜数的明星[1]，除了少数行星外，都是自己会发光且位置相对稳定的恒星。它们像长明的天灯，万世不熄。太阳是距我们最近的一颗恒星。其他恒星离我们都非常遥远，最近的比邻星也在 4 光年以外。如果把它们拉到太阳的位置上，那么我们就能看到无数个太阳了。

古人以为恒星的相对位置是不变动的。其实，恒星不但自转，而且都以各自的速度在太空中飞奔，速度比宇宙飞船还快，只是因为距离太遥远，人们不易察觉而已。

恒星都是十分庞大的天体。例如太阳的直径约为 140 万千米，相当于地球的 109 倍，体积比地球大 130 万倍。在辽阔的太空海洋里，太阳只是一名很普通的成员。恒星世界中的巨人——红超巨星的直径要比太阳大几十倍或几百倍。大多

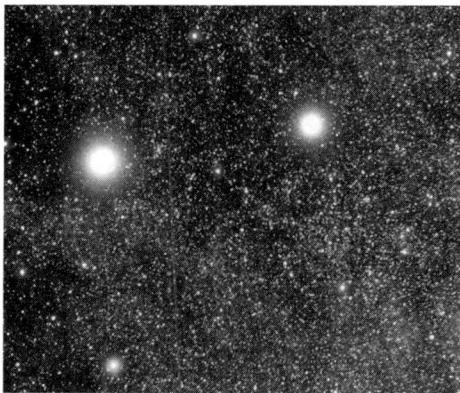

左边的星为比邻星

数恒星的质量是太阳的质量的 0.5~5 倍，少数恒星的质量比太阳大几十倍。

恒星发光的强度各不相同，即使是发光强度大体相同的星星，由于与我们的距离有远有近，亮度也不同。人们根据恒星的视觉亮度，把它们分为六个等级，这就是天文学上的目视"星等"。最亮的星称为一等星，其次是二等星，再次是三等、四等、五等星，肉眼能看到的最暗的星为六等星。自望远镜发明后，人们已能看到许多比六等星更暗的星星。还有一种"星等"称为绝对星等。绝对星等的大小，反映的是恒星本身的光度或总发光量，这与目视星等的意义不同。

恒星中主要是氢气，其次是氦。在 700 万摄氏度以上的高温下，四个氢原子核聚变成一个氦原子核，同时放出巨大的能量。这就是热核反应。氢弹所以能发生威力无比的爆炸，正是这种反应的结果。在恒星内部，每时每刻

都有许多"氢弹"在"爆炸",使恒星长期不断地作为一个炽热的气体大火球而发光发热。恒星的温度从中心向表面逐渐降低。不过,即使是恒星的表面温度也仍然十分惊人:最低的有 2000 多摄氏度,最高的可达到 4 万摄氏度。太阳的温度是 5000 摄氏度。恒星的表面温度决定了恒星的颜色。这正如一块炽热的铁,当温度增高时,它的颜色由红变黄、变白,甚至变蓝。

恒星是宇宙中最基本的成员。对于任何单个的恒星来说,它既有产生的一天,也有衰老死亡的一天。但一批恒星"死"去了,又会有一批新的恒星诞生。所以,宇宙中永远存在着无数个"太阳"。现介绍一下太空中具有代表性的恒星。

忽明忽暗的变星

天文学上把那些亮度时常变化的恒星称作变星。现在已发现的变星有 2 万多颗,著名的造父变星、新星、超新星等都属于变星。

恒星亮度变化的原因很多。由于恒星空间位置变化引起亮度变化的变星,称为几何变星。例如,有一种几何变星叫食变星,因为引起它们亮度变化的原理和日食月食差不多。它们实际是一对双星,两颗星总在捉迷藏,一会儿你跑到我背后,一会儿我又跑到你背后,相互遮蔽。脉动变星是名副其实的变星,它的亮度变化完全是由星体内部变化引起的。脉动变星的星体,时而收缩,时而膨胀,就像人的脉搏跳动似的。它在收缩时变亮,膨胀时变暗。脉动变星一般都是较老的恒星,它们正处于崩溃的边缘,很不稳定。不过,很多脉动变星明暗交替的时间却是不变的,这个时间称为光变周期。

造父变星是一种脉动变星。它有一种很奇特的性质,即发光本领越大(也就是绝对星等越大)的,它的光变周期也越长。因此,绝对星等和光变周期两者可以对号入座。一颗造父变星,只要测出它的光变周期,就可以对号找到它的绝对星等。把绝对星等和它的目视星等加以比较,便能算出这颗造父变星离我们有多远。所以在测量河外星系以及星团的工作中,造父变星是个好帮手。

还有各种各样的不规则变星。它们变化的形式和原因都很复杂。比如有一类金牛座 T 型变星,它们的亮度变化很快,而且反复无常。

相伴相随的双星

月亮绕地球旋转，地球绕太阳旋转，都是因为彼此之间有万有引力的作用。恒星之间也存在引力，这使得有些靠得比较近的恒星互相绕转。被引力系在一起、互相绕转的两颗星就叫物理双星。

有些物理双星凭目测就能发现，有些必须借助精密仪器，通过细致分析才能发现。前者叫目视双星，后者叫分光双星。

有一类特殊的双星却不是由引力系在一起的。它们本来是两颗距离遥远、互不关联的恒星，但由于在我们看来彼此相距很近，所以它们也被看做是双星。这种双星叫光学双星。光学双星不是真正的双星。

双星中较亮的一颗叫主星，另一颗叫伴星。双星之间的搭配是五花八门的，有的主星比伴星重，有的伴星比主星重；有的主星是爆发变星，有的是脉动变星，有的是其他变星：白矮星、中子星、红巨星，甚至是黑洞。

双星的结构引起许多天文学家的兴趣，也为我们揭示了恒星世界的一些奥秘。部分双星为我们提供了测定恒星的大小、形状、密度、质量、距离的便利条件，并为研究恒星及各种恒星集团的起源、演化问题开拓了新的天地。

壮年恒星——主序星

主序星是处于壮年期的恒星。现在的太阳就在主序星阶段，年龄已有50亿岁了。

从幼年期开始，恒星就在引力的作用下不断收缩。当中心温度达到700万摄氏度时，恒星内部最丰富的元素——氢聚变成氦的热核反应开始了。热核反应造成的滚滚热浪产生了巨大的向外的压力，与向内的恒星引力相抗衡，促使星球停止收缩。星球内部的熊熊烈火烧透球壳，整个星球便成为一个大火球。这时的恒星可以长期处于稳定状态，称为主序星。

当恒星演化为主序星时，它的亮度大小将由恒星的质量所决定。例如质量为太阳20倍左右的恒星，在这个稳定的主序星阶段，将成为亮度和温度很高的蓝巨星或蓝白巨星；质量为太阳几倍的恒星，将成为白星或黄白星；质量与太阳差不多的恒星便成为亮度和表面温度与太阳相仿的黄矮星；而质量小于太阳的恒星则成为亮度很小、表面温度很低的红矮星。

主序星内部储存着充足的燃料氢，能维持长时间的燃烧。恒星一生的大部分时间都停留在主序星阶段，我们看到的大多数恒星都是主序星。质量大的恒星因燃烧剧烈，燃料消耗快，它在主序星阶段的时间就较短，但最短也有几百万年。质量较小的恒星，热核反应速度较慢，氢的消耗也较慢，因而它稳定在主序星阶段时间就较长，最长的可达10万亿年。太阳处于这个稳定阶段，它已经稳定地"燃烧"了足足50亿年了。据估计，太阳在主序星阶段的时间可长达100亿年。

晚年恒星——红巨星

也许谁也不会想到，再过几十亿年，太阳会突然膨胀起来，变成一个大火球，离太阳最近的水星和金星将被它吞没；地球即使不被吞没，表面温度也可能高达1000摄氏度以上，地球上所有生命都将毁灭。这是一般恒星都会经历的晚年阶段，天文学上称为红巨星阶段。

系外行星围绕红巨星

恒星演变到主序星阶段末期时，除了外壳部分，它内部的氢基本上已经转化成氦而使热核反应停止。这时，恒星的中心部分就会在引力作用下发生收缩，使温度升高，并且释放出巨大的能量，从而使外壳急剧膨胀，整个恒星便像气球一样被吹大了。外壳的膨胀使恒星的表面积增大，表面温度降低，而总发光量增加。这样，它就变成一颗亮度大、温度低的红色星——红巨星。恒星从主序星到红巨星的转化过程很快就能完成。

在红巨星内部，虽然氢已经基本耗尽，但由于内部收缩使温度升得更高了，于是又开始了氦聚合反应，它内部便又重新燃烧起来，并且能够维持很长时间。像太阳这样的恒星，在红巨星阶段大约能停留10亿年。

被"压缩"了的恒星——白矮星

恒星中有许多矮子,它们的个头一般比地球要小,有甚至比月球还要小,它们的颜色发白,所以人们称它们为白矮星。

白矮星虽"矮",却重得惊人。一颗和地球一样大的白矮星有太阳那么重。一般白矮星比地球要重几十万倍乃至几百万倍。天狼星有一颗白矮星伴星,直径是地球的两倍,却比地球重30万倍。在那上面,火柴盒大小的一块"小石头"就有5吨重。白矮星有这么大的密度,是因为它是由特殊材料构成的。我们知道,物质是由原子构成的,原子本身像一个空虚的气球,它的大部分质量都集中在只有整个原子体积的近亿亿分之一大小的原子核上。原子就像包着一粒小铁蛋的大气球。所以,一般的物体中,无数原子核之间并不紧挨在一起,而是有很大的空间,它们是分散的。但是,在白矮星这种特殊的星球内部,却存在着令人难以想象的高压,原子的外壳被挤破了,原子核和绕核运转的电子被挤成一团,原子核之间不再是分散的,而是排列得紧紧的。这就使得整个星球的体积大大缩小,而重量却不减少。它的密度就变得特别高。可见白矮星并不是长不大的恒星,而是"压缩"了的恒星。

第一颗被发现的
白矮星——天狼星B

白矮星是在恒星演化到晚年时才形成的。在恒星的一系列核反应停止或接近尾声之时,恒星外层的物质挡不住中心的引力而发生收缩,直到与引力势均力敌,收缩才停止。白矮星便形成了。收缩过程中释放出很大的能量使白矮星白热化,表面温度能高达1万摄氏度以上。这就是白矮星发白光的原因。以后,像铁水凝结成铁块一样,白矮星将逐渐冷却、变暗,最终变成体积更小、密度更大、完全不能发光的黑矮星。

短寿的恒星——超新星

在秩序井然的星座之间,有时会突然出现一颗异常明亮的外来客,甚至在白天也能见到。但是好景不长，不过几个月，它又渐渐暗下来，最终悄然逝去，音讯全无，这就是生命力极短的超新星，在我国古代曾经形象地称它为"客星"。

超新星

超新星并不是新出生的星，恰恰是垂死的恒星的辉煌"葬礼"。一些大质量的恒星，内部引力极强，当内部燃料耗尽燃烧停止时，星球不是慢慢地收缩，而是突然地坍缩。坍缩所引起的内部压力是如此的巨大，以至球壳无力承受而发生爆炸，就像突然猛力挤压一个气球所发生的情况一样。剧烈的爆发犹如一颗超级原子弹爆炸一样，恒星向外放射出极大的能量，闪耀出异常明亮的光芒。于是，一颗本来很暗或根本看不见的恒星，亮度会一下子提高 17 个星等以上，成为一颗亮星，这就是超新星。

超新星爆炸，是目前我们所知的恒星世界里最为猛烈的爆发现象。据计算，一颗超新星爆发时发出的光，相当于 14 万至 100 亿个太阳的光。在银河系里，目前已知的超新星爆炸只有很少几次。最著名的是发生于 1006 年、1054 年、1572 年和 1604 年的超新星，平均 300 年出现一次。如果把河外星系里发现的超新星计算在内，到 1978 年为止，已发现的超新星有 491 颗。一颗垂死的恒星经过超新星爆发后，就彻底解体了，大部分物质化为一股云烟和许多碎片，飘散到太空中，剩下的物质则迅速坍缩为很小的中子星或黑洞。

世界上最早、最详细地记录超新星爆发现象的是我国。史书《宋会要》中详细地记录了 1054 年的一次超新星爆炸情况。今日的蟹状星云就是这颗超新星爆发后留下的遗址。

太空灯塔——中子星

1967 年，天文学家偶然接收到一种奇怪的电波。这种电波每隔 1 ~ 2 秒发射一次，就像人的脉搏跳动一样。人们曾一度把它当成是宇宙人的呼叫，轰动一时。后来，英国科学家休伊什终于弄清了这种奇怪的电波，原来来自一种前所未知的特殊恒星，即脉冲星。这一新发现使休伊什获得了 1974 年的诺贝尔奖。现在，已发现的脉冲星有 300 多个，它们都在银河系内，蟹状星云的中心就有一颗脉冲星。

脉冲星是 20 世纪 60 年代四大天文发现之一（其他三个是：类星体、星际有机分子、宇宙 3 开微波辐射）。因为它不停地发出无线电脉冲，而且两个脉冲之间的间隔（脉冲周期）十分稳定，准确度可以与原子钟媲美。各种脉冲星的周期不同，长的可达 3.7 秒，短的只有 0.033 秒。

脉冲星就是快速自转的中子星。中子星很小，一般直径只有 10 千米，质量却和太阳差不多，是一种密度比白矮星还高的超密度恒星。

中子星的前身一般是一颗质量比太阳大的恒星。它在爆发坍缩过程中产生的巨大压力，使它的物质结构发生巨大的变化。在这种情况下，不仅原子的外壳被压破了，而且连原子核也被压破了。原子核中的质子和中子便被挤出来，质子和电子挤到一起又结合成中子。最后，所有的中子挤在一起，形成了中子星。在中子星上，每立方厘米物质足足有 10 亿吨重。

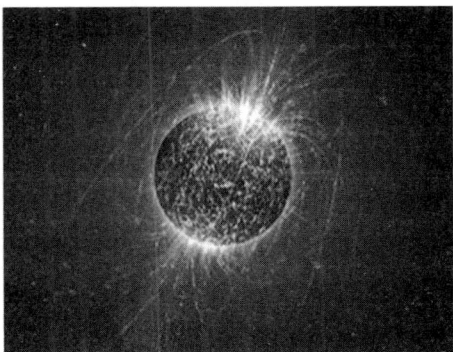

耀目的中子星

当恒星收缩为中子星后，自转就会加快，能达到每秒几圈到几十圈。同时，收缩使中子星成为一块极强的"磁铁"，这块"磁铁"在它的某一部分向外发射出电波。当它快速自转时，就像一盏灯塔上的探照灯那样，有规律地不断向地球扫射电波。当发射电波的那部分对着地球时，我们就收到电波；当这部分随着星体的转动而偏转时，我们就收不到电波。所以，我们收到的电波是间歇的。这种现象又称为"灯塔效应"。

中子星的能量辐射是太阳的 100 万倍。它在 1 秒内辐射的总能量如果全部转化为电能，足够我们地球用上几十亿年。

中子星并不是恒星的最终状态，它还要进一步演化。由于它温度很高，能量消耗也很快，因此，它的寿命只有几亿年。当它的能量消耗完以后，中子星将变成不发光的黑矮星。

知识点

白矮星

白矮星是一种低光度、高密度、高温度的恒星。因为它的颜色呈白色、体积比较矮小，因此被命名为白矮星。白矮星属于一种晚期的恒星。根据现代恒星演化理论，白矮星是在红巨星（恒星燃烧到后期所经历的一个较短的不稳定阶段）的中心形成的。天狼星伴星是最早被人类发现的白矮星。

运动的行星

晴朗的夜空，在几千颗闪烁的恒星中，有几颗很亮的星星，它们在星空中的位置经常移动，所以称为行星。肉眼可以看到的行星有五颗——金星、木星、水星、火星、土星。太阳系中肉眼看不到的行星有两颗，它们是天王星、海王星。地球也是行星。合称八大行星。但地球不在太空之列。按照距离太阳由近到远的次序，应当是水星、金星、地球、火星、木星、土星、天王星和海王星。

行星在太空中的运动是有一定规律的。它们都自西向东绕着太阳公转，而且大多数行星与太阳的自转方向相一致，称为"同向性"。八大行星的公转轨道几乎都在同一平面上（只有水星的轨道平面倾斜程度较大），称为"共面性"。八大行星除水星外，它们的公转轨道都是接近正圆的椭圆形，称为"近圆性"。行星本身都不会发光，它是靠反射太阳光才发亮的。

从不同角度，八大行星被分为不同类别。地球轨道以内和以外的行星，分别称为地内行星和地外行星。小行星以内和以外的行星，分别称为内行星和外行星。外行星有时又被分为巨行星（木星和土星）和远日行星（天王星、海王星）。其中外行星与内行星的差别十分显著，因而它们又分别称为类木行星与类地行星。

关于行星的起源，现在世界各国的天文学家提出了几十种不同的学说，归纳起来主要有三大类：一种是"分离说"，认为形成行星的最初物质是从太阳或其他恒星上分离出来的。一种是"俘获说"，认为太阳形成后，在它的运动过程中，俘获了大量星云物质，以后逐步演化为行星和卫星。还有一种是"共同形成说"，认为太阳和行星都是由一块"原始星云"共同形成的，它的中心部分凝聚为太阳，四周则变为行星和卫星。"共同形成说"目前受到较多天文学家的认同。

行星的卫士——卫星

月球是地球的卫星，它像忠实的卫士，始终围绕着地球旋转。它自身不会发光，明亮的月光是月球反射太阳光的结果。在太阳系中，有好几颗行星都有自己的"卫士"，而且有些行星不止一个"卫士"。有一些较大的小行星也有自己的"卫士"，它们统称为卫星。

太阳系内已发现的卫星约有50颗。其中地球只有一颗卫星——月亮；土星的卫星最多，有20多颗。除了月亮外，其他卫星用肉眼是看不见的。

许多卫星和行星很相似，它们的运动轨道具有共面性、近圆性、同向性，并且与它们守卫的行星的距离按一定的规律分布着，这样的卫星称为规则卫星。不具有这些性质的卫星，称为不规则卫星。

卫星围绕土星转

卫星绕行星转动有两种方式，一种是和行星绕太阳转动的方向一致，称为顺行；一种是和行星绕太阳转动的方向相反，称为逆行。除了公转以外，卫星本身还有自转。

"扫帚星"——彗星

彗星，在我国俗称'扫帚星'，它的形状很特别，头部尖尖的，尾部常常是散开的，像一把大扫帚。在科学不发达的年代里，人们常常把它和天灾人祸联系起来，认为它是灾祸的前兆，因比有人称它为"妖星"。

其实，彗星也和地球一样，是太阳系的成员之一。许多彗星都沿着扁长的轨道绕太阳运行，人们可以精确地预言它们露面的时间。著名的哈雷彗星就是每隔 76 年在地球上空出现一次。彗星的出现与天灾人祸毫无关系。

发育完全的彗星由彗核、彗发和彗尾三部分组成。彗核是彗星的主要部分，它集中了彗星的大部分质量；彗核外面包裹着一层像云雾一样的东西，称为"彗发"。这是当彗星比较靠近太阳时，在阳光作用下，由彗核中蒸发出来的气体和微尘组成的。彗核和彗发合称"彗头"。当彗星更接近太阳时，彗发变大，并在太阳风（从太阳发射出来的一种高能粒子流）和太阳光的压力下，彗发中的气体和微尘被推向后方，形成一条长长的像大扫帚那样的尾巴，叫"彗尾"。因此，彗尾总是背着太阳的，而且彗星离太阳越近，彗尾就越长。

哈雷彗星

彗星的体积非常庞大，在太阳系里没有任何一个天体可以和它相比。大的彗星，彗头的直径就有 185 万千米，相当于地球直径的 145 倍；小的彗星，彗头的直径也有 13 万千米，是地球直径的 10 倍多。至于彗尾，一般都有 5000 万千米到两亿千米长，最长的可达 3.5 亿千米。

彗星的密度很小，只是一团极其稀薄的气体。如果把最大的彗星压缩成同地壳密度相同的球体，它的大小只有一座小山丘那么大。因为彗星的密度很小，即使它和地球相撞也不会有什么危险。

很多彗星都沿着一条椭圆轨道绕太阳运行，这叫"周期彗星"。每隔一定时间，它运行到离太阳和地球较近的地方，我们就可以看到它。另一种是"非周期彗星"，它只在太阳附近出现一次，就像过路的客人，以后再也不见它回来了。

星际尘埃——流星物质

行星际空间除行星、卫星、彗星外，还有无数小物体和尘埃，它们统称为流星物质，或者分别称为流星体和微流星体（尘埃）。

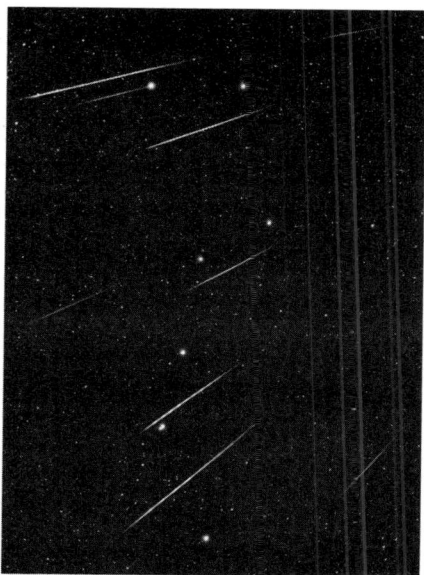

流星雨

太空中，每时每刻都会有大量流星物质相遇。其中，毫米级或以上的流星体进入地球大气，因与大气摩擦而在 80 ~ 120 千米的高空灼热发光，从而在星空中划出一道光迹而迅速流失，这种现象就叫做流星。不少流星体密集成群，沿同一轨道环绕太阳公转。当这些流星群与地球相遇时，观测者将看到流星接二连三地从某一天区"发射"出，并向四下奔去，这就是壮观的"流星雨现象"。较大的流星光迹特别明亮，有时还伴有响声，这种流星称为火流星。估计每年降临地球的流星物质总量在 10 万吨以上，不过其中大部分是不产生可见光迹的微流星体。

流星体一般在大气中全部燃烧气化，只有较大的流星体或微流星体可以陨落或飘落到地面，分别成为陨星和微陨星。迄今为止，全世界收集到陨星样品已近 3000 次。

世界上最大的一块陨石重 1770 千克，它是 1976 年 3 月 8 日陨落在我国吉林省的陨石中的一块。在我国新疆曾降落过一块陨铁，重 30 吨，居世界第三位。

星际云雾状天体——星云

星云是一种由星际空间的气体和尘埃组成的云雾状天体。星云中的物质密度是非常低的。如果拿地球上的标准来衡量，有些地方几乎就是真空。但星云的体积非常庞大，往往方圆达几十光年。因此一般星云比太阳还要重得多。

星云的形状千姿百态。有的星云形状很不规则，呈弥漫状，没有明确的边界，叫弥漫星云；有的星云像一个圆盘，淡淡发光，很像一个大行星，所以称为行星状星云。

蓝色的混合星云

弥漫星云比行星状星云要大得多、暗得多，密度更小。弥漫星云中又有暗星云和亮星云之分。暗星云是一种不发光的星云，人们所以还能看见它，是由于暗星云本身掩蔽了天空背景射来的星光。银河中的许多暗区，正是由于暗星云存在的缘故。亮星云是一种发光的星云，它中央有一颗温度很高的恒星辐射出强烈的紫外线，星云吸收后再转换成可见光辐射而发光。

行星状星云是一种带有暗弱延伸视面的发光天体，通常呈圆盘状或环状。在它们的中央，都有一个体积很小、温度很高的核心星。观测表明，行星状星云在不断膨胀之中，密度变得越来越小。现在已发现的行星状星云有一千多个。

从星云和恒星演化的角度看，星云和恒星有着"血缘"关系。恒星抛射出的气体会成为星云的一部分，而星云物质在引力作用下可能收缩成为恒星。在一定条件下，它们是可以互相转化的。如环状星云就是它的中心星"喷云吐雾"的结果；蟹状星云是超新星爆发时产生的"硝烟"；而猎户座大星云正在精心地哺育着一个"太阳"。研究星云对探索恒星的形成、星前物质和星际物质的成分等，都有极为重要的意义。

暗星云的特征

相对亮星云，暗星云内部的尘埃密度要大得多，大约一立方米的空间有一粒尘埃。正是这些相对浓密的尘埃使其看上去漆黑一片。暗星云的厚度十分大，能达到几亿亿千米，足以挡住它后面的星光。当暗星云内部的气体和尘埃积累到一定程度，这些气体和尘埃就密集到一起，形成恒星。

星空中美丽的星座

XINGKONG ZHONG MEILI DE XINGZUO

天上的星星不计其数，令人眼花缭乱，为了便于观察，人们便将星空划分成若干个小区域，这些小区域就是星座。星座由恒星组成，这些恒星之间并没有什么关系，只不过其在天球上投影的位置相近而已。全天上共有 88 个星座，分为北天星座、南天星座和黄道星座。每个星座可由其中亮星的特殊分布辨认出来。星座的名称有的是根据其形态，以动物或器物名称命名；有的则与古代神话故事结合在一起，以神话中的人物命名，近代划分的星座采用天文学或其他科学仪器的名称命名。

全天最小的星座——南十字座

南天星座之一。全天最小的星座。位于半人马座与苍蝇座之间的银河之中，我国只有南方几个省份才能看到它。星座中主要的亮星组成一个"十"字形，从这个"十"字形的一竖向下方一直划下去，直到约 4 倍于这一竖的长度的一点就是南天极。在北半球低纬度处观测，这根延长线与地平线的交点基本上就是正南方。14 世纪航海家郑和七下西洋时，曾用这个星座来导航。在古希腊托勒玫时代，地中海地区原是可以看到它的，被看做是半人马的脚。由于岁差，到了现代，这一部分星空已经移向南方，在北半球大部分地区再也不能看到。所以直到 17 世纪时，欧洲天文学家才把它从半人马座中划出来，作为一个独立星座。南十字座所在的银河部分是银河最亮的段落。在南十字座"十"字形的左下方有一片黑暗的尘埃星云，衬托在明亮的银河背景上，就好像是银河中的一个漆黑的洞穴，叫做"煤袋"，它的面积同"十"字形几乎一样大小，一直延伸到相邻的半人马座和苍蝇座。

➤➤➤ 知识点

岁 差

岁差就是地轴绕着一条通过地球中心而又垂直于黄道面（指地球绕太阳公转的轨道平面）的轴线的缓慢圆锥运动，周期约为 26000 年，由太阳、月球和其他行星对地球赤道隆起物的吸引力所造成，结果是春分点（太阳光直射赤道的时刻，地球在公转轨道上的点）逐渐向西移动。

全天最长的星座——长蛇座

天球上面积最大，也是东西方向上最长的星座。这是一个春季夜晚出现的星座。位于黄道以南，蜿蜒于巨蟹座、六分仪座、巨爵座、乌鸦座和室女座南面，小犬座与天秤座之间。在巨蟹座以南和狮子座轩辕十四的右下方，有 5 颗三四等星排成一个小圆圈，这是蛇头。在轩辕十四的西南边有一孤独的红色二等星，因为在它附近没有其他亮星，所以常称为"孤儿"，这是长蛇的心脏。星座中其他的暗星，则弯弯曲曲排成一长列。

传说许德拉是一条凶猛可怕、长有 9 个毒蛇头的大水蛇。这个怪物能从 9 张口中吐出毒气，并以野兽和人为食物。为了消灭它，大英雄赫拉克勒斯同他的朋友伊奥拉奥斯来到许德拉住的地方。赫拉克勒斯抡起大棒，把 9 个头

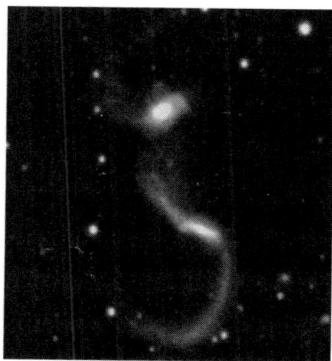

长蛇座

一个个敲碎，但是，敲碎 1 个蛇怪头后又立即长出 1 个新头来。后来，赫拉克勒斯想个办法，让伊奥拉奥斯用燃烧着的树枝烧死刚长出的新蛇头，最后终于将蛇怪杀死，并把蛇怪的尸体埋到地下，又在上面压了块巨石，水蛇怪许德拉被消灭了。天神宙斯为了褒奖赫拉克勒斯的这个功绩，将被他征服的水蛇怪升到天上，成为长蛇座。

全天第二大星座——室女座

　　黄道星座之一。春季星空中一个著名的星座，也是全天第二大星座。室女座西邻狮子座，东接天秤座，后发座和牧夫座之南，长蛇座以北。把星座中主要星星连起来，就像一个倒挂天空的"Y"形。在"Y"形的末端，是室女座最亮的星角宿一。角宿一和牧夫座的大角、猎犬座的常陈一，以及狮子座的五帝座一组成一个巨大的菱形，称为"室女座的金刚石"。每年约 9 月 17 日到 11 月 1 日，太阳在室女座中运行。秋分、寒露和霜降 3 个节气点就在室女座中，它是距离我们最近的星系团之一，包含有几千个星系。目前，室女座星系团正以 1000 千米每秒的速度离开我们。

　　传说得墨忒耳是主管谷物、蔬菜和花草的农神。她有个美丽的女儿珀耳塞福涅。冥王哈得斯将珀耳塞福涅抢去做他的皇后。得墨忒耳失去了女儿，十分悲痛，就到处去寻找女儿，以致田地荒芜，一片枯黄。于是宙斯说服冥王，将珀耳塞福涅送还她的母亲。但因为珀耳塞福涅已经吃了冥王的食物，所以她一年中必须有 6 个月和冥王共同生活，其余时间回到母亲那儿去。这样，每当她与母亲得墨忒耳在一起时，得墨忒耳便使大地恢复生命，这便是春夏两季。而当珀耳塞福涅回到地下时，得墨忒耳思女心切，无心耕耘，大地不长谷物，树叶凋落，这就是晚秋和严冬。据说四季就是这样来的。室女座就是得墨忒耳的化身。当春天来到时，室女座从东方地平线升起，而到冬天，就看不到室女座的光芒了。

全天第三大星座——大熊座

　　北天拱极星座之一。全天仅次于长蛇座和室女座的第三大星座。夜晚仰望北方天空时，可以看到白7颗亮星形成的一个大勺子，十分注目，它就是著名大熊座。大熊座一年四季都能看到，但春天是观测整个星座的最好时刻，此时这只大熊尾向东高高地倒挂在北方天空中。由于这些星的排列形状像一只计量谷物的有柄的量斗，所以我国古代称"北斗星"。把这只大勺子末端的两颗星连接起来，向勺口

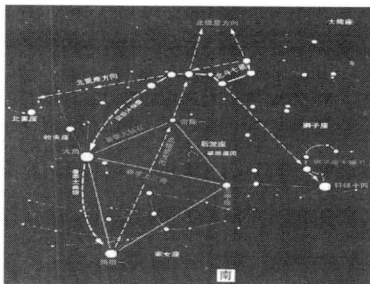

大熊座

方向延伸到大约为这两颗星距离的5倍处，那儿有颗不太亮的星，它就是北极星。因此，大勺子末端的那两颗星又称"指极星"。人们在日常生活中，或在大海、沙漠和旷野上旅行时，常借助它们来指示方向。在大熊座勺柄上第二颗名叫"开阳"星的近旁，还有1颗较暗的星，名叫"辅"。如果用肉眼能分辨出这两颗星，就可以达到视力检查中的1.5。但它们只是在视线方向上彼此靠得很近，实际上相距很远互不相干。

传说美丽的希腊姑娘卡利斯托为天神宙斯所爱，生了个十分招人喜爱的儿子阿卡斯。因而受到天后赫拉的嫉妒，就用法力惩罚卡利斯托，把这个心地温柔善良又美丽的卡利斯托变成了一只大熊。后来，宙斯把大熊提升到天上一个很显眼的位置，成为大熊座。

全天最华丽的星座——猎户座

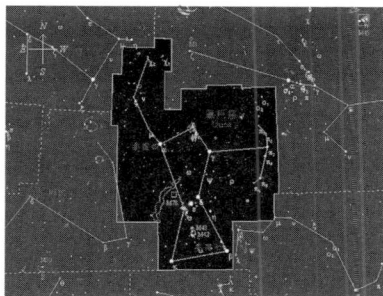

猎户座

赤道带星座之一。冬季夜晚星空一个大星座，也是全天最华丽的星座。位于双子座、麒麟座、大犬座与金牛座之间，其北部沉浸在银河之中。星座主体由参宿四和参宿七等4颗亮星组成一个大四边形。在四边形中央有3颗排成一直线的亮星，设想为系在猎人腰上的腰带，另外在这3颗星下面，又有3颗小星，它们是挂在腰

带上的剑。整个形象就像一个雄赳赳站着的猎人，昂首挺胸，十分壮观，自古以来一直为人们所注目。在猎人佩剑处，肉眼隐约可见一个青白色朦胧的云，那就是著名的猎户座大星云。而在猎人腰带中左端，有一个形似马头的暗星云，这就是著名的马头星云。除这些有名的星云外，猎户座中还有许多气体星云，可以说整个星座都荡漾在气体星云中。传说奥里翁臂力过人，是个好猎手。月神阿尔忒弥斯爱上了他，但月神的哥哥太阳神阿波罗却不同意。故意使阿尔忒弥斯误杀了奥里翁。事后月神阿尔忒弥斯很悲伤，请求天神宙斯帮助。宙斯很同情这对情人，便将奥里翁提升到天界，成为美丽的猎户座。

"公主的化身"——仙女座

仙女座是北天星座之一。位于英仙座与飞马座之间，仙后座南面，是一个秋季上半夜很显眼、所占空间也比较广的星座。我们可以首先找到天上由4颗亮星组成的大而醒目的四边形，叫做"飞马仙女四边形"。四边形中3颗星是飞马座的主星，在四边形左上角的那颗亮星就是仙女座的壁宿二，它是仙

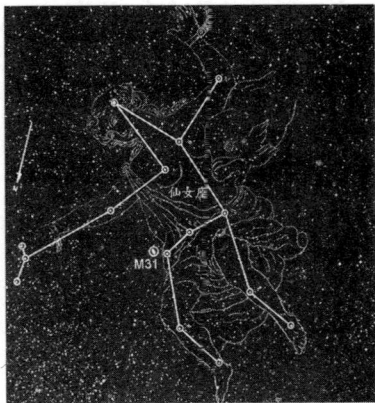

仙女座

女的头。从壁宿二开始向东北方可以看到3颗亮度差不多相同的星，它们与壁宿二几乎等距离排成一列。其中距离最近壁宿二的是仙女的胸部，离得较远的叫"奎宿九"，相当于仙女的腰，而最远的那颗叫"天大将军一"，是仙女被锁住的一只脚。这4颗星形成仙女座的主体。仙女座里有许多美丽的天体。例如，天大将军一初看是由较亮呈黄色的星和较暗的黄星组成的双星。而这双星中较暗的星的颜色经常变化，从黄色、金色、直到蓝色，用大望远镜可以看到这颗暗星，它又是两颗相距很近的星组成的双星，所以天大将军实际是三合星。著名的仙女座大星云就在仙女的腰部，肉眼隐约可见一块青白色云雾状光斑，它是一个与银河系一样的星系。另外还有每年11月中旬

出现的著名仙女座流星群。

传说古时埃塞俄比亚国王克浦斯和王后卡西奥珀亚生有一个美丽的公主安德洛墨达。王后常夸耀她的女儿比海王波赛东的女儿还美。这句话激怒了海王，于是海王便派鲸鱼怪到国王统治的地方，兴风作浪、残害百姓。后来国王得到神的启示，为了拯救百姓，只能把公主用锁链锁在海边岩石上，以供奉鲸鱼怪。正在这危急时刻，英雄珀尔修斯骑着飞马路过这里，救下了公主并与她结了婚。后来，公主被神提升到天上成为仙女座。

●●━━▶ 知识点

仙女座流星群

仙女座流星群是最著名的流星群之一，它每年11月中旬出现，以20～23日为最多，它的辐射点在仙女座 γ 星附近。这个流星群是比拉彗星头部分裂后出现的。1872年11月27日晚上，也就是地球经过它与比拉彗星轨道交叉点的那个晚上，一场罕见的、连续达五六个小时的流星雨发生了，流星总数在10万颗以上。天文学上把它称为仙女座流星雨。仙女座流星雨是由仙女座流星群中的流星体闯入地球大气而形成的。

"Y"字形星座——宝瓶座

黄道星座之一。位于飞马座和双鱼座南面，南鱼座北面。位置大体在牛郎星、北落师门和飞马座大四边形所组成的三角形中央。由于亮星不多，所以描绘出的形象也很不清楚。宝瓶座的主要特征是在飞马座头部的南面，有4颗4等星构成一个"Y"字形，像个"宝瓶"的形状。从瓶口向南和东南方向上分别有两列闪烁着的暗星，这便是从宝瓶中倾泻出的琼浆玉液，这些琼浆玉液最后一直向南流入南鱼座的鱼口中。在南鱼口上，正好有1颗一等星北落师门。每年约2月18日到3月12日，太阳在这个星座中运行，雨水和惊蛰两个节气点就在宝瓶座。星座中有一个行星状星云，用望远镜可看到其形状很像土星，所以又称"土星状星云"；宝瓶座中有两个流星群：一个在5月上旬天亮前出现，另一个在 7 月下旬出现。

传说奥林匹斯的众神经常在宙斯宫中举行盛大酒宴。席间最忙碌的是公主赫柏，她提着宝瓶为众神添加琼浆玉液。后来她结婚了，宙斯便想到人间去找一个合适的人来代替他的女儿赫柏。于是宙斯化作大鹰，到人间驮回美少年该尼墨德斯，在奥林匹斯宫中代替女儿为众神斟酒。这就是闪耀在星空中的宝瓶座。

知识点

黄道星座

地球绕着太阳公转，一年转完一圈。地球公转时，从地球上看太阳，太阳在天球上、众星间缓慢地移动着位置，方向与地球公转方向相同，也是一年移动一大圈，叫做太阳的周年视运动。太阳周年视运动在天球上的路径，就是黄道。黄道经过 88 个星座中的 13 个，除了蛇夫座的一小部分之外，剩下 12 个分别是：双鱼座、白羊座、金牛座、双子座、巨蟹座、狮子座、室女座、天秤座、天蝎座、人马座、摩羯座、宝瓶座，统称为黄道十二星座。

巨大的"V"字形星座——双鱼座

黄道星座之一。位于宝瓶座与白羊座之间，仙女座、飞马座以南，鲸鱼座以北。整个星座没有什么亮星，星座中星的排列就像一个巨大的"V"字形，从东南面包围仙女座和飞马座。"V"字形的每一边象征一条鱼，这两条鱼用丝带联结在一起，联结点就是在"V"字形末端的 1 颗名叫"外屏七"的四等星。每年约 3 月 12 日到 4 月 18 日，太阳在双鱼座中运行，春分和清明两个节气点就在双鱼座。

传说有一次，爱和美的女神阿佛洛狄忒和她的儿子小爱神厄洛斯在一条大河边散步，突然有一个喷火巨人向他们奔袭而来，阿佛洛狄忒知道打不过这个巨人，急中生智将自己和儿子变成两条鱼，从大河中逃走了。后来，智慧女神雅典娜将他们母子俩变的鱼形提到天上，这就是双鱼座的来历。

"扁担星" ——天鹰座

赤道带星座之一。位于海豚座西面，人马座北面。只要看到美丽的织女星和银河中成"十"字形的天鹅座，便可在靠近银河的彼岸，找到排成一排的 3 颗星，那就是天鹰座。这 3 颗星中最亮的就是牛郎星，在牛郎星两边还有各一颗较暗的星，好像牛郎挑着他与织女所生的两个孩子，正在焦急地追赶织女似的。所以在我国又称它们为"扁担星"。

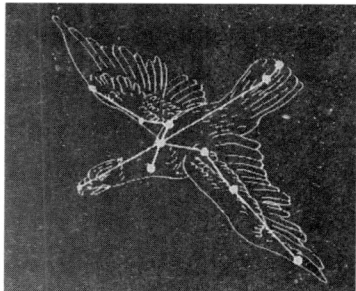

天鹰座

传说天神宙斯化作大鹰，把美少年该尼墨德斯驮回天界，让他代替公主赫柏，做为众神斟酒的工作。然后宙斯就在银河岸边降落并恢复自己的威严形象。宙斯对自己的这个化身特别满意，就把这只雄伟的大鹰留在银河岸边，成为天鹰座。

找寻北极星的标志——仙后座

仙后座

拱极星座之一。位于仙王座以南，仙女座之北，与大熊座遥遥相对，因为靠近北天极，全年都可看到，尤其是秋天的夜晚特别醒目。仙后座的五颗亮星构成"M"形状，所以找寻起来并不困难。由"M"形中央尖角所指方向，便是北天极方向，因此，仙后座也是找寻北极星的重要标志之一。1572 年仙后座有一次超新星爆发，那颗超新星甚至在白天也可以看见，最亮时比金星还亮。但 17 个月后，这颗超新星已经暗到肉眼看不到了。直到 380 年以后，天文学家在这个位置上发现了一个强大的射电源，它是这颗超新星爆发后的余迹。

传说仙后座是埃塞俄比亚国王克浦斯的王后卡西奥帕亚的化身。因为王后常在人们面前夸耀自己和女儿是世界上最美的女人，连海王的女儿涅瑞伊得斯也不如她们，因而激怒了海王。国王和王后不得不将爱女献给海王，幸好被英雄珀尔修斯所救。后来，国王和王后都升到天界，成为星座。王后在天上深感狂妄夸口不好，所以成为仙后座后，仍然高举双手，弯着腰以示悔过。

●┅┅▶▶▶ 知识点

射电源

射电源是宇宙射电源的简称，指能发射强无线电波的天体。据推测，大多数天体都可能是射电源。目前已发现的射电源有 3 万多个。射电源类型很多，按视角径大小可分为致密源和展源两类。也可以按距离把射电源分成两类：第一类是太阳系外、银河系内的射电源，分布于银道面附近；第二类是银河系外的射电源，散布在整个天空中。

南天级的标志——天燕座

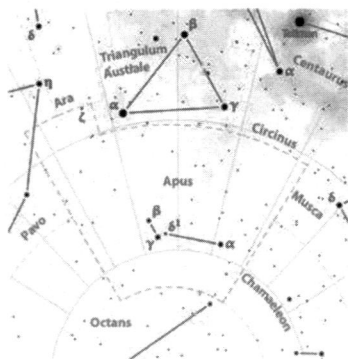

天燕座

南天拱极星座之一。位于南三角座南面，紧接南极座，我国只有南沙群岛地区才能看到。其主要特点是在"一"字形的东端有 3 颗星形成一个狭三角形。这个狭三角形正好处于南三角座东面尖角上的二等亮星三角形三到南天极的中点上，因为南天极没有一颗像北极星那样的亮星，所以天燕座中这个三角形就成了确定南天极的重要标志之一。只要找到南三角座和天燕座的狭三角形，便可确定南天极的位置了。天燕座最早出现在

1603 年德国业余天文学家巴耶所绘的世界上第一幅全天星图上。天燕实际上是极乐鸟的形象。由于它产于东印度群岛的巴布亚新几内亚，所以这个星座最初的名称是"印度鸟座"。

没有南极星的星座——南极座

南天星座之一。它是由 1752 年法国天文学家拉卡伊在好望角工作时划定的。南极座和小熊座是全天两个很醒目的星座。小熊座有北极星，可惜的是南极座的星都很暗，没有与北极星相媲美的南极星。目前，肉眼能观测到的最靠近南天极的恒星，是 1 颗五等星。尽管如此，仍然可以根据南极座附近的星座和亮星的位置，大致确定南天极的位置。例如，由波江座的水委一和半人马座的马腹一联线的中点；由船底座与船帆座之间的"假南十字"和孔雀座的孔雀十一连线的中点；由苍蝇座的一对眼睛蜜蜂三和蜜蜂一与小麦哲伦星云联线的中点；天狼星和老人星连线向南延长 1 倍距离；南十字座的"十"字形的一竖向南延伸 4 倍距离等。当然这些观测方法，都只能在南半球中纬度以上地区进行。

状似"老式手枪"——白羊座

黄道星座之一。位于金牛座西南，双鱼座东面。星座中主要 3 颗星的排列形状像是一把老式手枪，从秋末直到春天来到，它总在天空中闪烁着微光。2000 年以前的春分点就在白羊座，现在的春分点已移到双鱼座。每年约 4 月 18 日到 5 月 14 日太阳在白羊座中运行，黄道上的谷雨和立夏两个节气点就在这个星座。

传说古希腊玻俄提亚国王阿塔玛斯有个王子佛里克索斯。国王阿塔玛斯听信他所宠爱的、名叫伊诺的坏女人的谗言，欲把王子佛里克索斯置于死地。幸好，这个阴谋被天神使者赫耳墨斯知道，就用一只浑身长满金毛的飞羊，将王子送到远方的科尔喀斯。那里的国王热情地款待王子，并把自己的女儿嫁给他。佛里克索斯为了感谢上天救命之恩，将飞羊宰杀后献给了天神宙斯，宙斯就把这只立下大功的飞羊，高高地列在众星之间，让它在夜空中闪耀它的光辉，这就是白羊座的来历。

"飞翔的天鹅"——天鹅座

天鹅座

北天星座之一。位于天琴座与飞马座之间，是夏季夜晚星空中一个很醒目的星座。那个横在银河中的大"十"字，就像一只正在飞翔的天鹅，很容易辨认。星座中最亮的天津四和银河两边的牛郎、织女构成一个大等腰三角形，称为"夏季大三角形"。在天鹅座里能够看到许多美丽的星云。顺着天鹅的身体，有一片黑暗的暗星云。在天津四东面，有一个形似北美洲大陆的北美洲星云。而在天鹅东面翅膀近旁，有一个好似仙女羽衣上的羽毛撒在闪

闪发光的网状星云上。星座中还有一个流星群，出现在 8 月下旬，最盛期约在 8 月 20 日。

传说太阳神的儿子法厄同有一个挚友西格纳斯。当他知道法厄同驾驭太阳车失控，被雷击毙，坠落河中后，感到十分悲痛。为了追悼亡友，他终日徘徊河边，找寻法厄同的遗体。天神宙斯被他对朋友的一片忠心感动，将他提升到天界，那就是终日飞翔在银河上的天鹅座。

"盘旋的蛟龙"——天龙座

拱极星座。在北天四季可见。看起来很像一条蛟龙，弯弯曲曲地盘旋在大熊座、小熊座与武仙座之间，它所跨越的天空范围很广。高昂的龙头紧靠武仙座，由 4 颗星组成，构成一个四边形。明亮的龙眼正凝视着未来的北极星——织女星。天龙的尾部有 1 颗名叫"右枢"的四等星，它曾是 4000 年前

的北极星。据说埃及齐阿音斯王的金字塔底部有一条100多米长的隧洞，就是对着右枢的方向挖成的。古代埃及的神官就是从这里眺望当时的这颗北极星。

传说天龙原来是一条喷火的毒龙，天后赫拉叫它看守赫斯珀里得斯果园里种植的金苹果树。赫斯珀里得斯是泰坦族阿特拉斯的女儿们居住地。英雄赫拉克勒斯来到赫斯珀里得斯果园取金苹果时，被这条巨龙挡住了。赫拉克勒斯找到正在为宙斯赎罪而驮着天的阿特拉斯，说替他驮天，让他到女儿处取来金苹果。接着赫拉克勒斯又巧施妙计哄骗阿特拉斯，拿到了金苹果并让阿特拉斯重新把天驮起来。后来，天后赫拉就把这条毒龙升到天上，成为天龙座。

"长尾巴的大蝎子"——天蝎座

黄道星座之一。夏季晚上出现在南方天空。天蝎座位于蛇夫座、天秤座与人马座之间，大半沉浸在银河之中。天蝎所在的这一段银河，正是银河最亮的一段，银河系核心就在天蝎尾钩的北方，人马座与蛇夫座的交界处。整个星座的一长列亮星排成一个巨大的弯钩，看上去真像一只拖着长尾巴的大蝎子，形象极为逼真。在星座的弯钩上方，有1颗红色一等星心宿二，就是天蝎的心脏。心宿二和北落师门、毕宿五、轩辕十四合称"四大王星"，它们

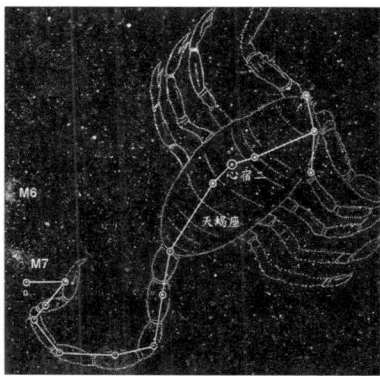

天蝎座

基本上等间距分布在黄道附近。天蝎座虽是黄道12星座之一，但黄道通过天蝎座的一段却很短，每年约11月23日太阳从天秤座进入天蝎座后，很快就进入不属于黄道12星座的蛇夫座，然后就运行到人马座。

传说善于狩猎的猎户奥里翁自夸天下无敌，奥林匹斯众神听到后，很不高兴。就在奥里翁来往的路上，天后赫拉放了一只大毒蝎，让大毒蝎去咬死

他，但没有成功。后来，这只毒蝎被开到天上成为天蝎座。猎户座则是奥里翁的化身。因为猎人和毒蝎生前是冤家，一旦互相靠近，就又会打起架来。所以猎户座是冬天夜晚最美丽的星座，而天蝎座则是夏天夜晚星空中的佼佼者，两者永不同时出现在同一个星空之中。

"亲密的孪生兄弟" ——双子座

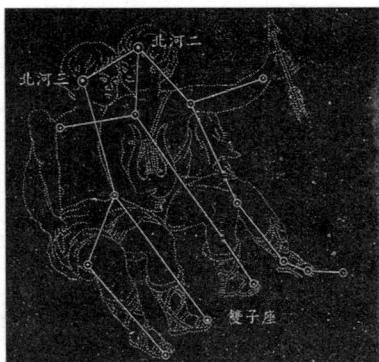

双子座

黄道星座之一。位于御夫座南面，金牛座与巨蟹座之间的银河边上。在星座中可以看到两颗比较接近的亮星：一颗银白色的叫"北河二"；另一颗金黄色的叫"北河三"。在这两颗星的下面，并列着两排星，直到银河，形成一个很大的长方形，这是双子座的主要特征。人们把整个星座想象为一对亲密无间的孪生兄弟，他们不仅在形状上十分相似，而且在组成上也很相像。北河二用小望远镜就能看清它原是双星，如果用更好的观测设备，可以发现这双星的每个子星又都是双星。另外在北河二近旁，还有一个肉眼看不到的很暗的食双星，因此，北河二实际上是六合星。而那颗北河三经过观测，发现也是六合星。双子座虽也是黄道星座，但座内只有小暑 1 个节气点。星座内还有一个著名的流星群，每年 12 月中旬出现，流星最盛时，几十颗流星像一条条白链，飞舞在夜空，极为壮观。

传说美丽的公主勒达生了一对孪生子，哥哥叫"卡斯托尔"、弟弟叫"波吕丢克斯"。他们不仅本领高强，而且兄弟俩友爱亲谊，形影不离。后来，在一次混战中哥哥牺牲了，弟弟感到十分悲痛。于是弟弟苦苦哀求天神宙斯，让他们兄弟俩永远生活在一起。宙斯为褒奖他们兄弟间的友爱，将他们一起升到天上，成为万人注目的双子座。

美丽五边形——御夫座

北天星座之一。位于鹿豹座、英仙座、金牛座和双子座之间。在初冬夜晚，当猎户座四边形升到头顶上方时，在东北方天空中可看到由 5 颗亮星组成的一个明亮而美丽的巨大五边形，这就是御夫座。其实，御夫座五边形最南的 1 颗亮星，是属于邻近的金牛座的。五车二是星座中最亮的星，也是离北极星最近的零等星，呈黄色。银河也通过御夫座，但是与人马座相反，这里正好是银河系边缘方向，所以银河的星雾是比较淡的。

御夫座

传说牧人厄里克托尼奥斯是火神赫菲斯托斯的儿子。他像父亲一样聪明过人，又都是瘸子。在与妖魔巨人的战斗中，他发明的四轮战车，为胜利作出了贡献。天神宙斯为了嘉奖他，将他升到天界，成为御夫座。同时将曾经用乳汁喂养幼年宙斯的母山羊阿玛尔忒亚和它的两只小羊羔，亦提升到天上，托付给厄里克托尼奥斯保护。亮星五车二就是那只母山羊，而旁边的 2 颗小星，就是母山羊的两只小羊羔。

排成一个四边形——天秤座

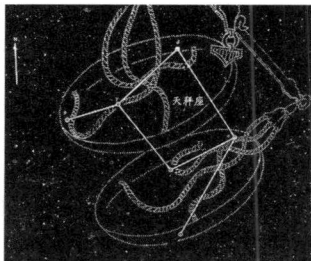

天秤座

黄道星座之一。位于室女座与天蝎座之间，正好横列在天蝎头部的前方。星座内几颗主要星星排成一个四方形，其中氐宿四是全天唯一的一颗肉眼能看得出鲜明绿色的星，很值得仔细观测辨别一下。每年约 11 月 1 日至 11 月 23 日太阳在天秤座中运行，立冬和小雪两个节气点就在天秤座。天秤座原先是天蝎座的一部分。尽管在古罗马以前，印度和中东文化中早就把这一部分的星叫"秤杆子"，但罗马人直到公元前1世纪的恺撒时代，才发现当太阳运行到这部分星空时，正是昼夜平分的秋分前后，因而才将这一部分星独立划出，并命名为"天秤座"。由于岁差，现在的秋分点早已移到西面的室女座了。

传说主管农业的女神得墨忒尔还是兼司真理和正义的女神。她常用天秤来衡量人的善恶，给以公正的评判。因而当她升到天界成为室女座后，天神就将她那把称量善恶的天秤也升到天上，那便是紧靠室女座的天秤座。

五边形大风筝——牧夫座

牧夫座

北天星座之一。与大熊座和猎犬座相邻，南临室女座，东接北冕座和武仙座，北邻天龙座。从北斗星的斗杓3星向东就可以看到它。牧夫座形状像一个五边形的大风筝，在风筝的南端有1颗橙黄色的亮星，名叫"大角"，这颗星就像挂在风筝尾巴上的一盏明灯。大角与室女座的角宿一、狮子座的五帝座一这3颗星，构成一个巨大的三角形，称为"春季大三角"，在春天夜晚的天空中非常引人注目。

传说天后赫拉看到化成大熊和小熊的美女卡利斯托和她的儿子阿卡斯被天神宙斯提升到天界，占据着两个荣耀宝座——大熊座和小熊座后，心中非常嫉妒。于是就叫海王永远不让大熊座和小熊座沉到地平线下去休息外，还加派了一个忠实的猎人带着两只猎犬，紧紧地在两只熊的后面追赶。这个猎人就是牧夫座。

弯弓形星座——英仙座

北天星座之一。位于仙后座、仙女座、鹿豹座、御夫座与金牛座之间。

秋末夜晚在北面天空中找到"M"形的仙后座，或找到在飞马座大四方形东北的仙女座，然后沿着银河，可以看到有几颗星排成一个弯弓形，这就是英仙座。这个大弯弓，人称"珀尔修斯之弓"。在这个大弯弓的弓弦中央，有 1 颗二等星——大陵五，又称"魔星"。它是一颗食变星，其亮度每 2.87天就从 2.3 等到 3.5 等变化一次。在这个星座的西北，靠近仙后座处，有两个疏散星团，由于距离很近，形成双重星团，肉眼看是一块模糊的光斑。英仙座里还有一个著名的流星群，每年 8 月中旬流星出现最多。

英仙座

传说英雄珀尔修斯是天神宙斯之子。智慧女神雅典娜要他设法去取魔女墨杜萨的头，答应事成后将他提升到天界。墨杜萨的头上长满毒蛇，谁看她一眼，就会变成石头。珀尔修斯在神的帮助下，脚穿有翅飞鞋，头戴隐身盔，借着青铜盾的反光，避开了她的目光，用宝刀砍下了女怪的头。然后骑着从魔女身子里跳出来的一匹飞马，离开了险境。在回来的路上，救下了公主安德洛墨达，并与公主结了婚。最后他将墨杜萨的头献给了智慧女神。女神实践了她的诺言，将珀尔修斯升到天上，成为英仙座。同时，也将公主提升到天上，成为仙女座。因此，他两在天上总是亲密相依在一起。而英仙座中的大陵五，就是魔女墨杜萨的头。

"疾飞的箭"——天箭座

北天星座之一。位于天鹅座之南，天鹰座以北的银河之中。星座中几个主要星星排列的形状，就像一支疾飞的箭，箭身与天鹰座的扁担星正好垂直，所以很容易辨认出来。

传说普罗米修斯是位先知先觉的神。他给人类带来文明，并用天火造福人类，因而备受人们的尊敬。为此，受到天神宙斯的不公正的惩罚，将他钉

天箭座

在高加索山顶的峭壁上，还派了一只秃鹰每天去折磨他。一天，大英雄赫拉克勒斯来到高加索山脚下，看到普罗米修斯被钉锁在峭壁上受秃鹰折磨的情景，就决心解救他。于是赫拉克勒斯弯弓搭箭，射死秃鹰，解救了普罗米修斯，使他重新登上奥林匹斯圣山。后来，为了褒奖赫拉克勒斯这一功绩，众神将他射杀秃鹰的利箭带到天上，这就是天箭座的来历。但也有的传说这一支箭是小爱神厄洛斯胡乱射向恋人的金箭。

"头朝下，脚朝上"星座——武仙座

北天星座之一。这是夏季夜晚星空中的一个大星座，也是全天几个大星座之一。位于天龙座之南，蛇夫座以北，天琴座与北冕座之间，紧跟着北冕圆环。武仙座范围虽然较大，可惜星座中的星都不很亮，全由三等、四等星组成。1934年在武仙座中曾发现一次新星爆发，它的亮度达到一等，可现在已变成暗星了。1960年和1963年又连续发现星座中有新星爆发，只是亮度不如1934年的那颗新星亮。

传说大英雄赫拉克勒斯是天神宙斯和密刻奈王妃阿尔克墨涅所生。他一生建立了许多卓著的功绩，其中特别是杀死狮子精、消

武仙座

灭水蛇精等12个功绩最受人们称赞。他死后被提升到天上成为武仙座。只是这位大英雄的形象，对北半球的人来说，却是头朝下，脚朝上，成倒置的样子，看起来很不方便，但在南半球的人看来，倒是很自然的了。

银河系最明亮的部分——人马座

黄道星座之一。位于蛇夫座之东，摩羯座以西，天鹰座、天蝎座与望远镜座之间，正好在银河最明亮的部分。银河系核心方向就在人马座内，靠近人马座、天蝎座和蛇夫座交界点处。每年约12月19日到1月20日太阳在人马座中运行，冬至和小寒两个节气点就在人马座。将人马座的东面6颗亮星连接起来，形状很像北斗星，所以又称"南斗六星"。星座中有许多疏散星团和球状星团，还有不少有名的星云。例如，在人马座的西部有个弥散星云，在望远镜中可看到有几条黑气将星云分成3片，所以又称"三裂星云"。在人马座、巨蛇座和盾牌座的交界处，有个形似马蹄子的星云，称"马蹄星云"。

希腊神话中有一些上半身为人，下半身为马，介于神与人之间的怪物，称为"马人"。其中有一个叫喀戎的马人，生性文雅，善良又聪明，是位精通音乐、医术、狩猎等多种学问和技艺的学者。他居住在山洞里，以传授学问和技艺为业。大英雄赫拉克勒斯、取金羊毛的伊阿宋、琴手俄耳甫斯和神医阿斯克勒斯庇奥斯等都是他的门人。但不幸的是，在一次赫拉克勒斯和一些马人的战斗中，喀戎被毒箭误杀。天神宙斯痛惜喀戎的惨死，便在天界给他一个位置，这就是人马座。

形状像个"人"字——巨蟹座

黄道星座之一。立于狮子座西面，双子座东面，形状像个"人"字。星座中没有亮星，是黄道12星座中最暗最小的一个星座。每年约7月21日至8月11日，太阳在巨蟹座中运行，大暑和立秋两个节气点就在巨蟹座。在星座中央有一个由4颗暗星组成的小四边形，那是巨蟹的身体。四边形顶角上的星分别和四边形外的几个小星连起来，就成了巨蟹的螯和足。巨蟹座的小四边形的中央，有一个考名疏散星团，名叫"鬼星团"，又叫"蜂巢星团"。肉眼看上去像一团模糊的白色云雾，我国古称"积尸气"。直到望远镜发明后，才知道它是由约500多颗恒星组成的一个星团，距离地球500多光年。

巨蟹座

传说宙斯的儿子赫拉克勒斯征服了狮子精后，就开始去征服水蛇怪许德拉。正当他与水蛇怪酣战时，天后赫拉派了一只巨大的螃蟹去帮助水蛇怪。这只大螃蟹用双螯紧紧夹住赫拉克勒斯的脚，这位英雄立刻用棒把这只螃蟹击得粉碎。后来，赫拉心疼巨蟹，把它升到天上成为巨蟹座。可能赫拉克勒斯那一棒把螃蟹击得太碎了，所以提到天上后，仍不能很好地恢复它的原形，以致我们看起来整个星座的形体不太明显。

织女星所在的星座——天琴座

北天星座之一。夏夜星空明亮星座之一。位于天龙座、武仙座与天鹅座之间的银河边上。织女是天琴座的主星，与银河彼岸的牛郎遥遥相对，12000年后，它将是那时的北极星。在织女星附近，有一个由4颗星组成的小菱形。整个星座虽小，但非常引人注目，各国都流传着有关它的种种传说。天琴座中有一个流星群，出现在每年的4月19日到23日，尤以21日、22日最盛。传说太阳神阿波罗之子俄耳甫斯是个天才的琴手。当他奏起七弦琴

天琴座

时，顽石也为之感动，草木和禽兽也要竖起耳朵静听。后来他与美丽的欧律狄刻结为夫妇，生活非常幸福。不幸，欧律狄刻为毒蛇咬伤而死。悲痛异常的俄耳甫斯就到冥国去，用琴声感动了铁石心肠的冥王，同意放还他已经亡故的新娘，只是警告他在回到人世的路上决不能朝后看。可惜就在接近冥国的出口处，俄耳甫斯禁不住回头看了他的新娘一眼，就在这一瞬间，他再一次也是永远地失去了心爱的妻子。失去妻子的俄耳甫斯因悲伤过度而死去。天神宙斯怜悯他。便把他的七弦琴升到天上，成为天琴座。

天狼星所在星座——大犬座

南天星座之一。首先找到著名的猎户座，从猎户座腰带上的一排 3 颗星向东南方向，便可看到 1 颗全天最亮的恒星——天狼星，天狼星所在的星座，就是大犬座。大犬座西接天兔座，东面和南面与船底座相连。冬季夜晚南方天空中，大犬座是最受人注目的星座之一，整个星座的形状，就像是一只猎犬，正在矫捷地扑向西面的那只兔子。

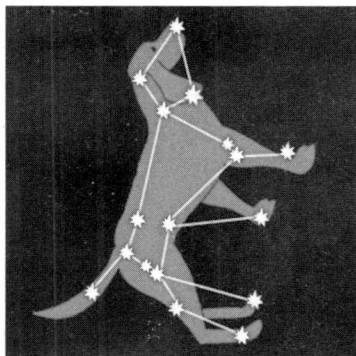

大犬座

传说西里斯是猎人奥里翁的一只心爱的猎犬，终日伴随在猎人的左右。后来，奥里翁为他的妻子、月神阿尔托弥斯误杀而死，他的爱犬也十分悲伤，整天什么东西也不吃，只是悲哀地吠叫，最后饿死在主人的房子里。天神宙斯为嘉奖它的忠义，就把它升到天上化为大犬座。如今这只猎犬仍然追随它的主人，在勇猛地捕捉那只小兔子。

状似一头雄狮——狮子座

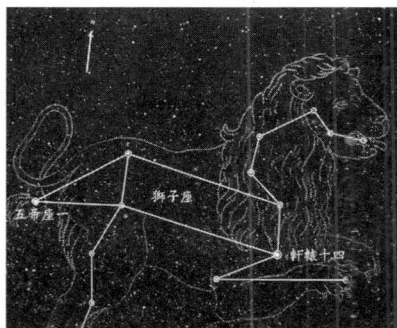

狮子座

黄道星座之一。春天星空中著名的星座。位于巨蟹座东面，室女座和后发座之西。每年约 8 月 11 日到 9 月 17 日，太阳在狮子座中运行，处暑和白露两个节气点就在狮子座。我们可以这样来寻找狮子座，以牧夫座的大角和室女座的角宿一为两个顶点，向西画一个正三角形，在三角形第三个顶点处就能找到 1 颗二等亮星五帝座一，它是狮子的尾巴。

五帝座一右边便是狮子座。另一办法是先找到著名的北斗星,把连接两颗指极星的线,向与北极星相反方向延长,就会看到由五六颗不太亮的星组成一个反写的问号"Ƽ"形状,或像把镰刀,这就是狮子的头和前足。反写问号下的那一点,是著名的亮星轩辕十四。轩辕十四与金牛座的毕宿五、天蝎座的心宿二、南鱼座的北落师门大体等距离沿黄道分布,被合称为黄道带"四大王星"。狮子座中有个流星群,每年11月中旬前后出现,每隔33年左右有一次壮观的大流星雨出现。

传说在涅墨亚山谷里有一只凶恶的狮子精,它是怪物厄喀德娜的儿子。这只狮子精到处危害百姓和牛羊。天神宙斯的儿子英雄赫拉克勒斯用他的神力扼死了这头刀枪不入的狮子精,为百姓除去了一个大害。宙斯为纪念赫拉克勒斯的功绩,把狮子精提到天上,成为狮子座。

"宝石镶嵌的冠冕"——北冕座

北天星座之一。位于牧夫座与武仙座之间。这是一个夏天才出现的星座。星座内7颗主要的亮星环绕成一个半圆形,闪耀着白色的光芒,很像一顶宝石镶嵌的冠冕,其中最亮的1颗星贯索四则是冠冕上的明珠。因此,这个星座比较容易辨认。

传说酒神狄俄尼索斯与公主阿里阿德涅结婚时,狄俄尼索斯送给新娘一顶晶莹的宝石镶嵌的美丽的冠冕,作为结婚礼物。不久公主病死,一向欢乐的酒神因失去心爱的妻子,心中十分悲痛,将这顶华冠抛向空中,华冠愈升愈高,最后升到众星之列。至今,我们还能在天上找到这顶美丽的冠冕。

"底朝上的三角形"——摩羯座

黄道星座之一。位于宝瓶座和天鹰座之南,紧接人马座的东南。在秋天晚上,把织女与牛郎两星设想连接起来,向南延长同样的长夐,可以看到两颗三等星,它们是摩羯的头,再从这里向东把分散的暗星联起来,成为一个底朝上的三角形,这就是摩羯座。摩羯座不是个很明亮的星座。每年约1月

20 日到 2 月 18 日，太阳在这个星座中运行，大寒和立春两个节气点就在摩羯座。

传说山林之神潘是天国使者赫尔墨斯的儿子，他的头上长着两只山羊的细角，上半身是多毛的人，下半身却是羊身，是一个半人半羊的怪物。但他爱好音乐，经常用自己制作的芦笛，吹奏出旋律美妙、悦耳动听的乐曲。有一次，正当众天神在尼罗河畔举行宴会时，潘又吹起芦笛为之助兴。这时突然出现一只可怕的半人半蛇的恶魔，向他们扑来。众神来不及防御，纷纷化身逃去。正在演奏的潘也随着他们逃走。但因为过于惊慌，无法控制自己，结果他在水下的部分变成鱼形，而水上部分却变成了羊的形状，匆忙逃跑。后来，宙斯想起山林之神潘逃跑时的怪样子，觉得印象很深，便将这个化身留在天上，这就是摩羯座的来历。

像是一束发光的金发——后发座

北天星座之一。位于猎犬座南面，室女座的北面，牧夫座与狮子座之间。后发座也正好处在狮子座的五帝座一与猎犬座的常陈一之间，因此，找起来还是比较容易的。这个星座没有什么亮星，但是，这些零散的星星在暗淡的星空中，看起来若云似雾，像是一束闪闪发光的金头发。后发座正好在我们这个银河系的北极方向上，所以当后发座升到天顶时，银河就与地平线相重合，这时我们就看不到银河。正因为在远离银河所在平面的方向上，遮住光线的气体和尘埃物质很少，因而以后发座为中心的牧夫座、大熊座、狮子座和室女座等星座，就是一个从银河系内观看银河系之外的宇宙世界的一个极好窗口。例如，从这里可以看到：由 1 万个星系组成的庞大的后发座星系团；偏大熊座方向的大熊星系团；朝室女座方向的"星之巢"似的密集星系。当然这些遥远的星系肉眼是看不到的，只有用大型天文望远镜才能观测到。

传说古代埃及王后贝勒耐茜长着一头美丽的琥珀色头发。当国王远征时，王后为国王祈祷平安，并向女神阿佛洛狄忒许愿：如果神能保佑国王胜利归来，就把自己的头发剪下献给女神。不久，国王凯旋回来，王后毫不犹豫地剪下自己美丽的头发，供奉在女神庙里。天神宙斯很欣赏她的美发，就把王后的美发升到天上，成为后发座。

唯一和另一星座交截的星座——蛇夫座

赤道带星座之一。位于武仙座以南，天蝎座和人马座以北，银河的西侧。它是星空中唯一和另一星座——巨蛇座交截在一起，同时又是星空中唯一兼跨天球赤道、银道和黄道的星座。这是一个既大又宽，基本上呈一个很大的长方形的星座。天赤道正好斜穿过这个长方形。尽管蛇夫座所跨越的银道极短，但银河系中心方向就在离蛇夫座东南角边界不远的人马座内。银河在这里有一个凸出来的河曲部分，形成了银河最宽的河段。虽然黄道从蛇夫座中穿过，但蛇夫座却不是黄道星座。每年约 11 月 29 日太阳走出天蝎座后，就在蛇夫座中运行，直到约 12 月 19 日才进入人马座中。黄道上 24 个节气点没有一个在天蝎座，但黄道在蛇夫座的这一段上却有 1 个大雪节气点。这是因为蛇夫座这一段星空，在古代曾属于天蝎座，只是天蝎尾的亮星位置过于偏南，而蛇夫的脚又无处可放，才把这一部分星空，以及与构成天蝎体形无关的多余星空，连同一段黄道一起，从天蝎座划归了蛇夫座的缘故。蛇夫座中有颗著名的巴纳德星，它是仅次于南门二的太阳系第二近邻，又是全天跑得最快的恒星，每约 180 年要在天球上移动一个月球直径的距离。

传说太阳神之子阿斯克勒庇俄斯在老师马人喀戎教导下，成了医术高明的名医。由于他细心研究，因此治好了很多病人，使死亡的人越来越少。这一来气坏了阴间的冥王。冥王向他的哥哥天神宙斯告状，宙斯为维护神族的权威，用雷锤击毙了阿斯克勒庇俄斯。但击死阿斯克勒庇俄斯后，宙斯又很后悔，觉得他是个仁慈的医生，为人可敬，将他打死实在于理不当。于是就把阿斯克勒庇俄斯的灵魂接到天上，成为蛇夫座。星座中的阿斯克勒庇俄斯手中拿着条花斑蛇，它就是巨蛇座。因为古希腊人把蛇蜕皮看做是恢复青春，而医生的工作就是使人恢复青春。

银道与银道坐标系

银道是指银河系中绝大部分恒星组成的铁饼状体通过银河系中心和银河系自转轴垂直的平面（称银道面）与天球相交的大圆。以银道面作为基本平面的坐标系称为银道坐标系。在银道两侧与银道相距90度的两点，称为银极。与北天极邻近的银极称北银极，与南天极邻近的银极称为南银极。经过银极的任何大圆称为银经圈；与银道平行的小圆称为银纬圈。

唯一被另一星座分割两部分的星座——巨蛇座

赤道带星座之一。位于武仙座、北冕座、天秤座与天蝎座之间，银河的西侧。巨蛇座是全天仅有的被另一个星座分隔成两部分的星座。整个星座被蛇夫座分为两部分：蛇尾在蛇夫座的东面，沿着银河伸向牛郎星；另一半在蛇夫座的西面，正好在北冕座正南有3颗星构成一个小三角形，这是蛇头。星座内亮星不多，弯弯曲曲地盘旋在天球赤道的上下。在蛇尾部分有一个"飞鹰星云"，在一片暗红星云背景上，一只雄鹰的黑色剪影十分逼真。

巨蛇座

传说神医阿斯克勒庇奥斯不但医术高明，还反复观察他捕捉的一条花斑蛇，以寻求人的返老还童的方法。阿斯克勒庇奥斯死后，天神宙斯将他的灵魂提升到天界，成为蛇夫座。同时又将那条花斑蛇亦提升到天上，以显示阿斯克勒庇奥斯刻苦钻研、善于发现的精神。因此，每当夏天晚上，蛇夫座在天空出现时，他的手中总是拿着那条花斑蛇。这条花斑蛇便是巨蛇座。

天球赤道

天球是一个想象的旋转的球，理论上具有无限大的半径，与地球同心。天空中所有的物体都被想象成是在天球上。根据所选取的天球中心不同，天球可有日心天球、地心天球之分等。天球赤道就是地球赤道往外扩张和天球反交成的假想圆圈。天球上的坐标系统把天球分为赤纬及赤经。赤纬的算法是从天球赤道开始至两极止，这样天球赤道就是0度。

井然有序的大家庭——太阳系

JINGRANYOUXU DE DAJIATING TAIYANGXI

太阳系是个以太阳为中心的极其庞大的天体系统，它由太阳和它的八个行星、几十颗卫星、2000 余颗已经观测到的小行星以及无数的彗星、流星等组成。这个庞大的天体系统就像一个井然有序的大家庭，太阳像是个慈爱有加的家长，吸引着其他天体围绕着他有条不紊地旋转运动。同时，太阳也是这个天体系统的中心，质量最大，体积最大。

太阳系的中心——太阳

太阳是距离我们人类居住的地球最近的恒星，跟我们人类的关系最为密切。太阳是太阳系的中心，是银河系中的一颗普通恒星。它和地球间的平均距离是 14960 万千米，直径为 139 万千米，为地球的 109 倍，体积为地球的 130 万倍，质量为地球的 33 万倍。太阳是一个炽热的气体球，表面温度约 6000 摄氏度，越向内温度越高，中心为 1500 万摄氏度。太阳中心区的氢核聚变产生的巨大能量，主要以辐射和对流的形式传到太阳表面，然后由表层发出光和热，习惯上称为"太阳辐射"。太阳表层为太阳大气，根据物理性质不同，太阳大气由里向外又可分为三层：光球层、色球层和日冕层。

我们所看到的黄白色的太阳光线和接收到的太阳能量基本上都来自光球层。这一层厚度 500 千米左右，平均温度约 6000 摄氏度，太阳黑子、光斑和米粒组织全都出现在光球层。色球是太阳大气的中间一层，大约延伸到几千到 10000 千米以上，温度高达几万摄氏度，它发出的光只是光球的几千分之一，所以只有在日全食时，才能见到这一层十分美丽的玫瑰红色的光辉。太阳大气的最外层为日冕层，厚度约几百万千米，温度高达 100 万摄氏度，亮度只有光球的百万分之一，所以平时我们用肉眼根本无法看到，只有在日全食时或无月光时，才能看见大范围很薄的银色光辉。

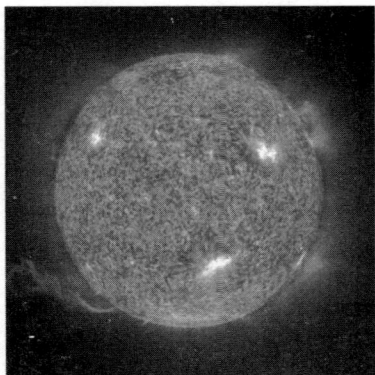

耀眼的太阳

光芒四射的太阳，表面看去显得平静而安详，但实际上，太阳（特别是表层）局部的活动、爆发十分频繁，有时还相当剧烈。这就是日益引人注目的太阳活动。

在一切太阳活动中，太阳黑子是最基本、最明显的活动现象。它发生在光球层，是太阳表面一种炽热气体的巨大漩涡。它的温度大约 4500 摄氏度，亮度低于周围的光球，看上去绿一些深暗的斑点，故称太阳黑子。黑子很少单独行动，常常成群结队地出现，称为"黑子群"，太阳黑子数目呈周期性变化，平均周期为 11 年左右。

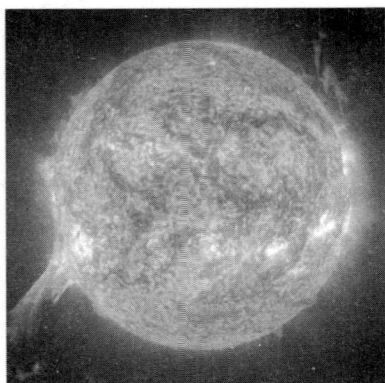

耀斑现象

耀斑是最剧烈的太阳活动现象，它发生在光球到日冕的过渡层中，表现为一个突然出现并迅速增亮的亮斑，所以又称为"色球爆发"。在几分钟至几十分钟内，耀斑发出惊人的能量辐射，并抛出大量高速度带电粒子，这些猛然增强的太阳辐射和粒子流，对地球会产生一系列的影响。因此耀斑和太阳黑子，是太阳活动的主要标志。

除此以外，在日冕层中还会有大量的高能带电粒子不断地飞逸到行星际空间，好像是从太阳吹出来的一股"风"，所以叫做太阳风。

太阳活动强烈时，会扰乱地球上空的电离层，使地面无线电短波通讯受到影响，甚至出现短暂的中断，产生"磁暴"现象，使磁针剧烈颤动，不能正确指示方向。地球两极区的夜空常会看到淡绿色、红色、粉红色的光带或光弧，这叫极光。同时太阳活动与地球上的气候、水文、植物生长等密切相关。

▶▶▶知识点

太阳光斑

光斑是太阳光球边缘出现的明亮组织，光斑一般环绕着黑子，与黑子有密切的关系。与黑子一样，光斑也具有 11 年的活动周期，通常比黑子早出现几小时或几天，出现后常聚集成两部分。太阳自转把最初为圆形的光斑逐步拉成椭圆形，其前部分略近赤道，在发展末期光斑分解为许多小块，然后逐步瓦解。

离太阳最近的行星

水星是八大行星中距太阳最近的一颗行星。由于离太阳近，受到太阳的强大引力，所以围绕太阳旋转很快，它的公转周期相当于地球上的 88 天，而水星自转一周相当于地球上的 58.65 天。它的自转方向与公转方向相同，因此，水星上的一昼夜比水星自转一周的时间要长得多。据计算，水星上的一昼夜为 176 天，白天和黑夜各为 88 天左右。如同地球一样，以水星公转一周为水星上的"一年"，以水星上的一昼夜为水星上的"一天"，那么，水星上的一天就相当于两年了。

水星虽然名为"水星"，其实上面完全是一个干枯寂凉的世界，连一滴水

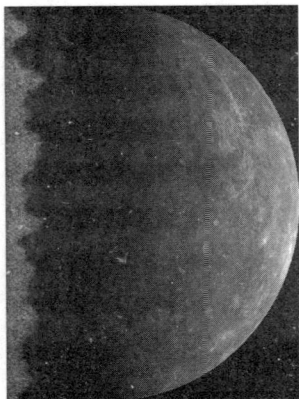

这是水星的一个半球

也没有。这是因为水星离太阳近，白天经太阳暴晒后，表面温度可达 500 摄氏度以上；夜晚，热量很快散失，表面温度降到零下 170 摄氏度左右，昼夜温差竟达 600 多摄氏度。在这样的环境中，不可能有水的存在，更难以找到生命的踪迹。水星表面的空气也非常稀薄，大气压力只有地球的五千亿分之一。可以想象，这是一个多么荒凉的星球！

从地球上看水星，它略带红色，虽比金星等要暗些，但在星空中还算是一颗亮星。由于离太阳最近，明亮的阳光常常淹没水星的身影，所以肉眼很难看到。水星表面布满大大小小的环形山、平原和盆地，地形、地貌与月球十分相似。

太阳系最大的行星

木星看上去比较昏暗，不如金星明亮，这是由于它离地球远的缘故。其实，木星在八大行星中是最大的，把太阳系所有的行星和卫星加在一起也没有木星大，木星的体积相当于 1300 多个地球，重量是地球的 318 倍，绕太阳公转一周几乎需要 12 年时间。木星自转的速度却很快，大约 9 小时 50 分转一圈。由于木星内部存有大量的能量并不断向外散发，形成了独特的快速大气环流，所以从地球上观察可看到木星表面有一些各种色调的斑点，并且在南半球有一个著名的椭圆形大红斑，这正是大气环流过程中形成的大气漩涡。木星的表面有一层 1000 千米厚的大气层，主要成分是氢和氦。由于离太阳较

"哈勃"太空望远镜拍摄的木星

远，木星表温度只有零下 140 摄氏度，在这样的空气、温度条件下，加上没有水，木星上没有生物存活也就不足为奇了。不过木星有很强的无线电辐射，磁场强度为地球的 10 倍，是目前发现的天空中最强的辐射电源。尤为奇特的是，木星周围有大小 16 个卫星环绕，小的直径 8 千米，大的直径 5200 多千米。旋绕的速度也不同，最快的 11 小时 53 分一周，最慢的旋绕木星一周需要 758 天。

"天空中的小地球"

火星是地球的近邻。如果说金星是我们的左邻，火星便是我们的右舍了。它在地球的外侧，比地球大半倍的轨道上绕太阳运转。其外表呈火红色，是星空中最吸引人的繁星之一。仔细观察，可以看到它缓慢地穿行在众星之间，如火的荧光时有强弱变化，并且穿行方向、亮度的变化好像没有规律，所以古时候欧洲人把它当做"战神星"，认为它象征着战争和灾难，中国人称它为"荧惑星"，认为是不吉祥的星。

用"哈勃"望远镜拍摄的火星

火星与地球相比，有许多相似的地方。火星上既有春夏秋冬四季的变化，也有白天和黑夜的交替，它的一年相当于地球上的 687 天，每一个季节约为 172 天。自转周期与地球相近，为 24 小时 37 分。火星上看太阳也是东升西落，并且和地球有月球环绕一样。火星有两颗卫星，但是火星比地球小得多，它的直径相当于地球的半径，体积只有地球的 15%，质量也只有地球质量的 11%，因此天文学家常把火星称为"天空中的小地球"。火星昼夜温差较大。白天时最高达 28 摄氏度，夜间下降到零下 132 摄氏度左右，没有生命物质在火星上生存，更没有人类，人们长期想象中的"火星人"、"火星鼠"仅仅是一种想象而已。

火星的卫星

火星有两颗天然卫星：火卫一和火卫二。火卫一离火星中心约 9370 千米，公转周期为 7 小时 59 分，比火星自转快得多。火卫二离火星约 23500 千米，周期为 30 小时 18 分。火卫一和火卫二的形状都很不规则，火卫一表面参差不平，布满了大大小小的陨石坑。

太阳系最扁的行星

带有美丽光环的土星

土星是太阳行星中仅次于木星的第二大行星，它的体积是地球的 745 倍。由于它离地球和太阳都比较远，在 100 年前人们一直把它作为太阳系的边界，后来才发现还有更遥远的太阳行星。由于土星自转速度快，转一周的时间为 10 小时 14 分，它的形状也呈扁圆形，并且是太阳系中最扁的行星。它的密度很小，比水还轻。在太阳系里，土星又是一颗美丽的行星，它的外面围绕着一圈明亮的光环，仿佛带着银光闪闪的项链。土星的光环非常宽阔，如果把我们的地球放上去就好像是往公路上滚皮球一样。土星的光环是由许许多多直径不到 1 米的小石块和冰块绕着土星表面飞快奔跑而形成的。土星有 21～20 颗卫星环绕，最小的直径 300 千米，最大的直径 5150 千米，比月球还大。

除太阳和月亮外最亮的星

天亮前后，东方有些发白的天空中，有时会出现一颗相当明亮的"晨星"，人们叫它"启明星"；黄昏，西方那灰白色的天幕上，有时也会出现一颗相当明亮的"昏星",人们叫它"长庚星"。这两颗星,实际上是同一颗星,就是金星。金星是天空中除太阳和月亮以外最亮的星,所以人们又叫它"太白星"或"太白金星"。

金星绕太阳公转一周相当于地球上的 225 天,自转一周为 243 天,由于它自转方向与公转方向相反,是逆向自转,所以在金星上看到的太阳是西升东落。金星的逆向自转,使得金星的一昼夜比自转一周的时间要短得多。据计算,金星上的一昼夜为 117 天,昼夜各 59 天左右。金星上的"一年"大约只有"两天"。

金 星

金星的体积、质量都和地球相近。它也有大气层,表面有 90 个大气压(相当于地球上海洋 900 米深处所受的压力),靠反射太阳光发亮。金星是离地球最近的行星。它的大气中有一层又热又浓厚的硫酸雨滴和硫酸雾云层,阻挡了地球人的视线,远远望去一片迷蒙。金星的大气层形成了全球性的"大温室"效应,表面温度达 480 摄氏度以上。显然,这样的环境中,生命是难以存在的。

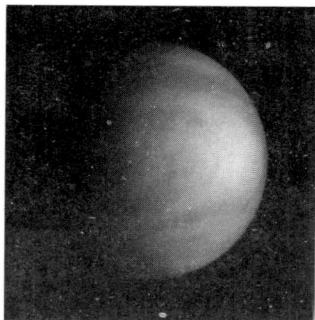

"伽利略"宇宙飞船拍摄的金星

"躺"着旋转的行星

天王星是被一位爱好天文的音乐家威廉·赫歇耳通过自制的天文望远镜发现的。它很大,直径为地球的 4.06 倍,体积是地球的 60 多倍。但因距离地球太远,所以用肉眼看不到它。它距太阳也十分遥远,约为地球距太阳的 19 倍,所以从太阳得到的光热极少,其表面温度总在

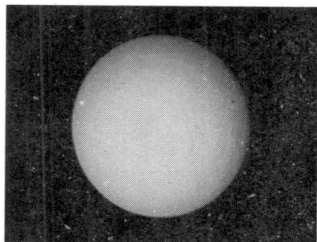

蓝色的天王星

零下 200 摄氏度以下。天王星的旋转很特殊，不仅很慢，绕太阳公转一周需要 84 年，若按绕日公转一周为一年计算，天王星上的一年相当于地球上的 81 年，且它的自转也不规则，似乎是躺着转，即有时"头"朝太阳，有时则"脚"朝太阳。

>>> 知识点

天王星的卫星

已经得到确认的天王星卫星有 29 颗。平均密度介于 1.26～1.65 克/厘米^3，大质量卫星都是由占 40%～50% 的冰和岩石混合而成。天王星卫星拥有与土星一样美丽的光环，光环中包含大小不同、彩色各异的彩带。

笔尖上"发现"的行星

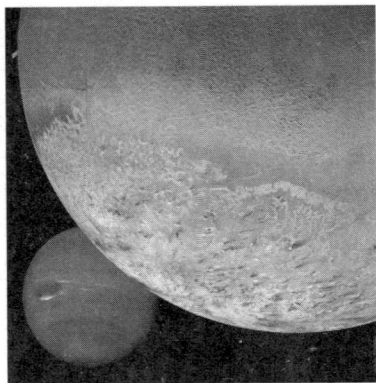

海王星及其卫星之一

天王星被发现后，人们都想一睹为快，掀起了一股观测天王星的热潮。时隔不久，天文学家就发现，地球的这位"新兄弟"是一个性格很别扭的行星，别的大行星都准确地遵循着由牛顿万有引力定律推算出的轨道绕太阳运行，唯有天王星显得有点不安分，时时会有"越轨"的现象。天文学家设想，在天王星的外面，一定还有一颗未被发现的行星，正是这颗尚未露面的行星的引力，"扰乱"了天王星的轨道。

这颗未知的行星既然比天王星还要遥远，它的光亮一定非常微弱，在茫茫星空中要找到它无疑像大海捞针，涉及的未知因素太多，难度极大。19 世纪 40 年代，有两个年轻人几乎同时攻克了这道难关。他们没有使用最先进的天文望远镜，而只用笔和纸就找到了这颗遥远的行星。他们就是法国的勒维耶和英国的亚当斯。

1845 年 10 月，26 岁的英国剑桥大学学生亚当斯，经过整整两年艰苦的运算，首先得到结果，算出了那颗未知行星的空间轨迹，并马上把结果送到英国格林尼治皇家天文台台长艾旦的手中。可惜，亚当斯时运不济，这项里程碑式的工作并未得到权威的充分重视，论文被束之高阁，没有及时地加以观测验证。

相比之下，法国人勒维耶则幸运得多。1846 年 8 月底，这位 36 岁的年轻人也完成了计算。他把计算结果分别寄送给欧洲大

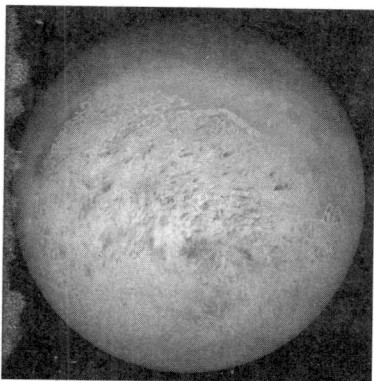

海王星最大的卫星

陆的几个天文台，请求他们帮助进行观测验证。9 月下旬，德国柏林天文台的天文学家加勒在收到信的当晚，便在勒维耶所指的天空位置上找到了这颗新行星。后来人们用希腊神话中大海之神的名字命名了这颗行星，中文就叫"海王星"。

海王星的发现，生动地证实了开普勒定律和牛顿万有引力定律的正确性，体现出科学理论预言未知事物的无比威力。正如一位科学家所说："除了一支笔、一瓶墨水和一些纸张外，再不需任何仪器就预言了一个未知的遥远星球，这样的事情无论什么时候都是极其引人入胜的。"

海王星本身没有奇特之处，体积是地球的 4 倍，与太阳的平均距离为 45 亿千米，绕太阳公转一周需 165 年，自转一周为 15 小时 48 分。表面温度与天王星一样，在零下 200 摄氏度左右。海王星有 8 颗卫星。从天文望远镜中观察，海王星也是一个扁状球体。

勒维耶和亚当斯从笔尖下发现了海王星，他们的名字被永远列入天文学的史册之中。

知识点

开普勒定律

开普勒定律也统称"开普勒三定律"，也叫"行星运动定律"，是指行星

在宇宙空间绕太阳公转所遵循的定律。开普勒第一定律：每一个行星都沿各自的椭圆轨道环绕太阳，而太阳则处在椭圆的一个焦点中。第二定律也称面积定律，内容是：在相等时间内，太阳和运动着的行星的连线所扫过的面积都是相等的。第三定律也称调和定律，内容是：各个行星绕太阳公转周期的平方和它们的椭圆轨道的半长轴的立方成正比。

从大行星出局的"矮行星"

自从 70 多年前被发现的那天起，冥王星便与"争议"二字联系在了一起，一是由于其发现的过程是基于一个错误的理论；二是由于当初将其质量估算错了，误将其纳入到了大行星的行列。

1930 年美国天文学家汤博发现冥王星，当时错估了冥王星的质量，以为冥王星比地球还大，所以命名为大行星。然而，经过近 30 年的进一步观测，发现它的直径只有 2300 千米，比月球还要小，等到冥王星的大小被确认，"冥王星是大行星"早已被写入教科书，以后也就将错就错了。

冥王星是目前太阳系中最远的行星，其轨道最扁，以致最近 20 年间冥王星离太阳比海王星还近。从发现它到现在，人们只看到它在轨道上走了不到 1/4 圈，因此过去对其知之甚少。

冥王星的质量远比其他行星小，甚至在卫星世界中它也只能排在第七、第八位左右。冥王星的表面温度很低，因而它上面绝大多数物质只能是固态或液态，即其冰幔特别厚，只有氢、氦、氖可能保持气态，如果上面有大气的话也只能由这三种元素组成。

2006 年 8 月，在布拉格召开的国际天文联合会第 26 届大会上，来自各国天文界的权威代表经过投票表决后通过联合会决议，将原来九大行星中的冥王星列入矮行星之列。这意味着太阳系将只有 8 颗行星。

按照国际天文学联合会的定义，一个天体要被称为行星，需要满足三个条件：围绕太阳公转、质量大到自身引力足以使它变成球体，并且能够清除其公转轨道周围的其他物体。同时满足上述三个条件的只有水星、金星、地球、火星、木星、土星、天王星和海王星，它们都是在 1990 年以前被发现的。而同样具有足够质量、成圆球形，但不能清除其轨道附近其他物体的天体称为"矮行星"，冥王星恰好符合这一定义，并被国际天文学联合会确认是一颗"矮行星"。围绕太阳运转，形状不规则，也不能清除公转轨道周围物体的天体统称为"太阳系小天体"。众多太阳系小天体主要集中在火星和木星轨道之间，估计有 50000 多颗，现在已发现 7000 多颗。

此外还有 3 颗类似冥王星的天体一直未得到"行星"地位。一颗是 1801 年发现的处于火星和木星之间的原来称作"小行星带"中的"谷神星"，球形，直径 1020 千米。一颗是 1978 年发现的"卡戎"，球形，直径约 1200 千米，看似冥王星的卫星，但冥王星的质量大约只有卡戎的 10 倍，它们是围绕共同质量中心彼此环绕的。另一颗是 2003 年发现的 2003UB313（昵称"奇娜"），比冥王星轨道还远，体积还大，直径 2400 千米，一度号称"第十大行星"。如果冥王星继续坐在第九大行星的交椅上，上述这些行星的"名分"如何处理，以后再发现这类天体又如何处理，都成了天文学家的难题。是否要给冥王星"正名"成为此次国际天文学联合会大会的焦点，为此，天文学家给出了各种草案，最后进行了行星定义的表决投票，最终使冥王星从九大行星中出局，并与谷神星、卡戎、2003UB313 一道被认为是"矮行星"。

地球唯一的天然卫星

月球也称太阴，俗称月亮。是地球唯一的天然卫星。月球是最明显的天然卫星的例子。在太阳系里，除水星和金星外，其他行星都有天然卫星。月球的年龄大约有 46 亿年。月球有壳、幔、核等分层结构。最外层的月壳平均厚度约为 60～65 千米。月壳下面到 1000 千米深度是月幔，它占了月球的大部分体积。月幔下面是月核，月核的温度约为 1000 摄氏度，很可能是熔融状态的。月球直径约 3476 千米，是地球的 3/11，太阳的 1/400。月球的体积只有地球的 1/49，质量约 7350 亿亿吨，相当于地球质量的 1/81，月球表面的重力差不多是地球重力的 1/6。

月球表面有阴暗的部分和明亮的区域。早期的天文学家在观察月球时，以为发暗的地区都有海水覆盖，因此把它们称为"海"。著名的有云海、湿海、静海等。而明亮的部分是山脉，那里层峦叠嶂，山脉纵横，到处都是星罗棋布的环形山。位于南极附近的贝利环形山直径295千米，可以把整个海南岛装进去。最深的山是牛顿环形山，深达8788米。除了环形山，月面上也有普通的山脉。

1927年"阿波罗17"号宇宙飞船返回地球时拍摄的月球照片

月球以椭圆轨道绕地球运转。这个轨道平面在天球上截得的大圆称"白道"。白道平面不重合于赤道，也不平行于黄道面，而且空间位置不断变化，周期173日。月球轨道（白道）对地球轨道（黄道）的平均倾角为5度09分。

月球在绕地球公转的同时进行自转，周期27.32166日，正好是一个恒星月，所以我们看不见月球背面。这种现象我们称"同步自转"，几乎是卫星世界的普遍规律。一般认为是行星对卫星长期潮汐作用的结果。在没有探测器的年代，月球的背面一直是个未知的世界。月球背面的一大特色是几乎没有月海这种较暗的月面特征。而当人造探测器运行至月球背面时，它将无法与地球直接通讯。

月球约一个农历月绕地球运行一周，而每小时相对背景星空移动半度，即与月面的视直径相若。与其他卫星不同，月球的轨道平面较接近黄道面，而不是在地球的赤道面附近。

相对于背景星空，月球围绕地球运行（月球公转）一周所需时间称为一个恒星月；而新月与下一个新月（或两个相同月相之间）所需的时间称为一个朔望月。朔望月较恒星月长是因为地球在月球运行期间，本身也在绕日的轨道上前进了一段距离。

月球本身并不发光，只反射太阳光。月球亮度随日、月间角距离和地、月间距离的改变而变化。平均亮度为太阳亮度的1/465000，亮度变化幅度从1/630000至1/375000。月面不是一个良好的反光体，它的平均反照率只有7%，其余93%均被月球吸收。月海的反照率更低，约为6%。月面高地和环形山的反照率为17%，看上去山地比月海明亮。

由于月球上没有大气，再加上月面物质的热容量和导热率又很低，因而月球表面昼夜的温差很大。白天，在阳光垂直照射的地方温度高达127摄氏度；夜晚，温度可降低到零下183摄氏度。这些数值只表示月球表面的温度。用射电观测可以测定月面土壤中的温度，这种测量表明，月面土壤中较深处的温度很少变化，这正是由月面物质导热率低造成的。

月球这个炽热的星球形成以后，当月球慢慢冷却，月球表面就形成了一个整体的壳，当这个壳体固定下来，壳体内的岩浆会慢慢冷却收缩，慢慢壳内的岩浆就会和壳体脱离，随着时间的推移，内部就会形成很大的空间，岩浆在壳体内部会自然形成一个球体。由于物体的万有引力，球体的一侧没能和壳体脱离，这样月球就形成一个偏心的球体，随着月球的重心偏离一侧，月球发生快慢自转，快慢转变的能量被月球内部流动的岩浆摩擦吸收，慢慢月球就形成月球的一面朝向地球。

知识点

环形山

环形山，希腊文的意思是"碗"，通常指碗状凹坑结构的坑。月球表面布满大大小小圆形凹坑，称为"月坑"，大多数月坑的周围环绕着高出月面的环形山。环形山是月球上面最昱著的特征，几乎布满了整个月面。环形山的高度一般在7~8千米。环形山大小不一，直径相差悬殊。

绕日运行的哈雷彗星

太阳系中的彗星很多，但像哈雷彗星这样有名的周期彗星却不多。早在2000多年前，我国就有着一颗明亮的大彗星出现的记载，根据后来天文学家计算，这就是哈雷彗星的最早记载，到1910年，我国已有31次关于这颗彗星的记录了。17世纪英国天文学家哈雷根据万有引力定律计算出在1682年出现的一颗彗星的轨道，并预言这颗彗星将于1759年再度出现，结果它果然于1759年3月13日再次光临，为纪念哈雷，人们将这颗彗星命名为哈雷彗星。

这是第一颗被人类计算出周期的彗星，它以 76 年为周期绕日运行。

20 世纪初，天文学家计算出哈雷彗星于 1910 年将再度接近地球，并且要和地球相碰。当时有些人惊恐万状，认为世界的末日即将来临。1910 年 5 月 19 日，哈雷彗星的确经过地球的轨道，它那长达几千万千米的尾巴和地球相碰了，但地球上的人类却没有任何危险。其原因是它的质量很小，仅是地球的 6 亿分之一，对地球的引力很微弱，不会改变地球的轨道。而且它的彗尾极其稀薄，密度只有地球表面空气密度的 10 亿亿分之一，即使彗尾扫过地球，人们也不会感觉到。

绕日公转的行星类天体

目前太阳系中总共才发现了八颗大行星，可是，它们的小弟弟却有成千上万，人们称它们为小行星。

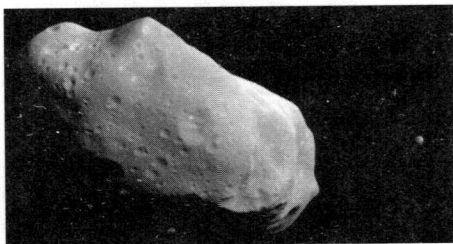

小行星和月亮

小行星绕日公转，属于行星类天体。它们大多分布在火星和木星的轨道之间，沿着椭圆形轨道绕太阳旋转，形成了一个环状小行星带。现在已经掌握运行轨道，编号命名的小行星，已有 3000 多颗，巡天观测估计，小行星总数在 50 万颗以上。最大的小行星的直径仅相当于月球直径的 1/5。其余的一般在 50~70 千米以下，小的只有 200 米。研究小行星带，对探讨太阳系、行星演化和地球科学都有重要的意义。

不仅大行星拥有卫星，本身质量、体积很小的小行星也拥有卫星。1978 年 6 月 7 日，第 582 号小行星——大力神星有一次难得的掩恒星的机会。天文学家观测掩星现象时，发现恒星周围似乎存在着另一颗小得多的天体，后来证实它就是大力神的卫星，直径只有 48.6 千米。除此以外，1978 年 12 月 11 日，再次发现第 18 号小行星——梅菠蔓星电有颗卫星，直径只有 37 千米。有迹象表明，第 6、第 9、第 129 号等小行星周围似乎也有卫星在绕转。

太空奥妙的探索"工具"

TAIKONG AOMIAO DE TANSUO GONGJU

　　工欲善其事，必先利其器，有了合适的工具，事情便会事半功倍。这一点在太空探索上有明显的体现。从早期用肉眼观察到现在的用天文望远镜、射电望远镜巡视；从早期简陋的探天工具到如今的航天飞机、航天飞船、空间站、太空机器人等，人类探索太空的工具可以说是发生了翻天覆地的变化，这些巨大变化获得了不菲的成绩，表明了人类的智慧和伟大，如今，随着探索太空的要求不断提高，更多更先进的探天工具也必将不断出现。

天文台

　　天文台是天文工作者观测星空，从事天文研究工作的地方。天文台上一般都配有各种大型的天文望远镜及其他各式各样的天文仪器口。它的主要工作就是观测天体、分析观测资料，利用观测事实来检验理论模型，同时，通过理论来指导实测，从而揭示太空奥秘。为了减少地球大气的干扰，减少灯火噪声干扰，天文台一般都远离闹市，建在山上。

　　天文台具有圆堡形的立体建筑，它们是用来安置和保护天文望远镜的地方。圆堡的顶部有一个长长的天窗，用时打开，不用时关上，还可以随意转动，使望远镜对准天空中任何一个地方。为了防止屋内昼夜温差过大，圆堡的外面都涂了一层银粉漆，可以反射太阳光。

南京紫金山天文台

我国有著名的紫金山天文台、北京天文台、上海天文台、云南天文台、陕西天文台和台北市天文台等；世界上有英国皇家格林尼治天文台、美国的海尔天文台、美国莫纳克亚天文台、美国国立天文台、日本飞弹天文台、法国上普罗旺斯天文台等等。

我国是世界上天文学发展较早的国家之一，天文观测具有悠久的历史。相传在夏代就有天文台，那时称"清台"。商代的天文台叫"神台"。到了周代改称为"灵台"。以后，历代天文台又有观象台、观星台、司天台、瞻星台等名称。

早期的天文台既是观测星象的地方，又兼作祭祀活动的场所。古代帝王在这里祀天，同时任命专职人员在这里观测天象，占卜吉凶，编算历书，"敬授民时"。随着社会的发展，祀天和观天逐渐分离，专门从事天文观测的天文台开始逐渐独立出来。由于观测天象与古代农牧业生产活动关系十分密切，司天机构在我国一直受到高度重视。除特殊情况外，历代观象台和观天设备都建设在京城。

我国现在尚存有几处古天文台遗址，其中保存较完好的有河南登封古观星台和北京古观象台。另有洛阳灵台，坐落于河南偃师县，它曾是东汉时期一座规模宏大的天文台。相传著名科学家张衡曾在灵台工作过，不过现在早已变成废墟。据史书记载，洛阳灵台在全盛时期曾呈现一派繁忙景象。灵台高约 20 米，其台基约 50 米见方。全台有工作人员 43 人，分工极为详细，观测项目应有尽有。因此，汉代时期我国天文学十分发达，在世界上居于领先地位。

登封古观星台坐落在洛阳东 80 多千米远的登封县告成镇，是我国现存最早的天文台建筑。始建于元世祖至元六年（1279 年），距今已有 700 多年历史。耸立着的高台和台下的一条长堤恰好组成一具特殊的圭表。高台即为立表，高9.46米；长堤相当于土圭，称为量天尺，长31.19米，位于正南北向。

北京古观象台在建国门内立交桥西南侧，建于明代正统七年至十一年（1442～1446），历经明清两代，容姿未衰。辛亥革命后，古观象台属于教育部，成为北洋政府时期的中央观象台。从明正统年间到1929年止，北京古观象台连续观测近500年，创造了连续观测最久的世界纪录。

北京古观象台发装有八件清代制作的天文观测仪器（天体仪、办道经纬仪、黄道经纬仪、地平经仪、象限仪、纪限仪、地平经纬仪和玑衡抚辰仪），它们以造型美观、雕刻精细、工艺精致而著称于世，1983年4月1日经整修正式对外开放。

星图和星表

星图和星表是人们从事天文观测和研究必不可少的工具之一，就像我们学习地理知识少不了地图一样。

人们把天上的星星按其在天球上的位置投影在一个平面图上，就绘成了一幅幅星图。早在公元705年左右，我国就有了"敦煌星图"。这是世界上现存的记载星数最多、最早的星图之一。绘制于公元1247年的苏州石刻星图，也是我国流传至今的最早最完整的星图之一。

准确的星图是天文学家的好帮手。天文学家可以依靠星图来辨认昌星，发现过去没有观测到的天体，如突然爆发变亮的新星、超新星，悄悄来临的彗星等。1781年赫歇耳发现天王星，1846年亚当斯和勒威耶发现海王星，1801年皮阿齐发现第一颗小行星，都有星图的一份功劳。

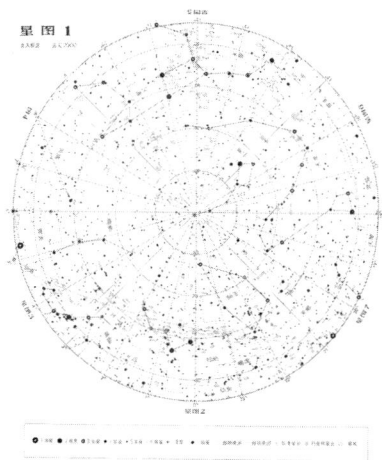

全天星图

星表是天体的"花名册"，上面记载着恒星等天体的位置、星等等能够说明天体身份的内容。世界上最早的星表是我国战国时代魏国天文学家石申所著的《石氏星经》，其中记载着 121 颗恒星的位置。在欧洲，最早的一部是喜帕恰斯在公元前 2 世纪编制的星表，里面记载有 1022 颗恒星的位置。

历史上许多著名的天文学家都曾致力于星表的编制工作。随着天文学的发展，观测到的天体日趋繁多和复杂，星表的种类也更多样化了，恒星、星云、星系等都有各自的星表。

天文望远镜

在望远镜发明之前，人们只能用肉眼或依靠简单的工具进行天文观测，因而观测视野受到很大的限制。1609 年，意大利科学家伽利略用自制的可以放大 30 倍的望远镜，第一次看到了月球上奇特的环形山，发现了木星的 4 颗大卫星，观察到了太阳黑子、金星的盈亏变化以及银河中密布的点点繁星等过去从未见到过的奇妙现象。从此，专门用于天文观测的望远镜就很快发展起来。

像普通望远镜一样，天文望远镜能把远处的景物拉到观测者的眼前。天文望远镜比一般望远镜不仅要大得多，而且也精良得多。现代的天文（光学）望远镜品种、式样很多。根据设计原理，大致可以分为三大类：

第一类是折射望远镜。这种望远镜是使用最早的望远镜。它的前端是以一个或一组凸透镜作为物镜，后面是一个目镜。光线从前面进来，从后端出去。这种望远镜焦距较长，最适宜于天体测量工作。第一架天文望远镜——伽利略望远镜就是折射式望远镜。现在世界上最大的折射望远镜，是美国叶凯士天文台的口径为 102 厘米的望远镜。

第二类是反射望远镜。由于早期的折射望远镜有许多缺陷，看到的景物往

折反射望远镜

副镜
修正透镜
赤道仪
日镜
主镜（反射镜）
极轴
平衡锥
三脚架

往变形，并且在景物周围总有一圈五彩缤纷的色晕，影响观测精度，为了克服这些缺陷，牛顿发明了反射式望远镜。这种望远镜利用反射原理，用凹面镜作为物镜，把来自天体的光线反射、聚集起来，不仅成像质量较高，而且还有镜筒较短、工艺制作较易等优点。因此，现代大型天文望远镜大多属这种类型。目前世界上最大的天文望远镜，要数高加索山上那台口径 6 米和美国帕洛玛山天文台的口径 5.08 米的反射望远镜了。后者的镜头玻璃就有 20 吨重，利用它可以窥见 21 等的暗星。

第三类是折反射望远镜，它是由德国光学家施密特设计出来的。这种望远镜综合了前两类望远镜的优点，视野宽，光力强，像差小，因而最适合用来研究月球、行星、彗星、星云等有视面的天体。

1990 年 4 月 24 日，美国航天飞机"发现"号从卡纳维拉尔角顺利升空，25 日把目前世界上最复杂的太空望远镜送入离地球 610 千米高的圆形轨道（1967 年 10 月 10 日美国曾发射了绕太阳运转的空间观察站）。这架太空望远镜是由美国国家航空航天局和欧洲空间局联合研制的一台大型太空天文望远镜，原来计划于 80 年代中期升空服役，后来因为 1986 年 1 月 28 日"挑战"号航天飞机爆炸而推迟。

这架太空望远镜以美国天文学家埃德温·皮·哈勃的名字命名，以纪念他在星系天文学、宇宙结构和膨胀理论方面创造性的工作和杰出贡献。

哈勃太空望远镜是有史以来最大、最先进的天基天文望远镜（一般天文望远镜多设在陆地天文台，以陆地为基地，称为地基天文望远镜），其外形呈圆柱状，长 13 米，直径 4.5 米，总重量为 12 吨，两侧各有一块长 12 米的大面积太阳能电池板。从远处看去，哈勃太空望远镜犹如一只滞留太空的巨大天鹰。哈勃太空望远镜主要由光

"哈勃"太空望远镜

学望远镜装置、保障系统和科学仪器三部分组成。

光学望远镜装置是太空望远镜的心脏，主要包括直径 2.4 米的主反射镜，直径 0.3 米的副反射镜和支撑结构，主反射镜和副反射镜的精密度是决定太

空望远镜性能的重要部件。

光由舱门进入太空望远镜后，首先射到主反射镜，再反射到相距 4.5 米处的副反射镜；而后，副反射镜又把光从主反射镜中心的一个孔中反射到科研仪器上记录成像。

保障系统是哈勃太空望远镜的主要设备，包括有信息传输、温度监控、位置调解和电力供应等部分。信息传输通过镜上的无线电系统和地球同步通信卫星完成。位置调解由镜上的精密制导传感器感受望远镜的俯仰和偏航信息，送给位置控制装置实现，能保证望远镜的位置稳定在 0.007 弧秒内，使其方向飘移不超过 0.007 弧秒，以保障科学仪器的观测工作。望远镜两侧有大面积矩形太阳能电池板，它把太阳能直接转变成电能，供望远镜使用。科学仪器是哈勃太空望远镜一系列新成果的创造者，主要有五个。其中暗弱天体摄影机、暗弱天体分光摄谱仪、高分辨率分光摄谱仪以及高速光度计四个仪器，其尺寸有一个电话间那样大。均被安置在望远镜后部主反射镜后面，在副反射镜聚焦面附近，接收从副反射镜反射来的光。第五个是广角行星摄影机，它被安置在望远镜后部的圆周壁上。它们共同使用一个光学反射镜系统。

暗弱天体摄影机是望远镜中最重要的科学仪器，顾名思义，它可以捕捉到一些不清晰、光线暗淡而微弱的遥远天体，并把观测到的情况记录下来。它通过摄影机的光学转换器把像素点放大，提高其分辨率。转换器先把像素的探测器视场角缩小，再用图像增强仪探测出来，后经放大送到终端荧光屏，形成一个相应的亮点；再用电影摄影机把荧屏上的扫描光点记录下来，并储存在电子计算机里，最后构成图像。

暗弱天体分光摄谱仪主要用来测量暗弱天体的化学成分。它通过特殊的光栅和滤光片，可以制成光谱底片。

分析这些光谱底片，不仅可得到光源的化学成分数据，还能获得光源的温度、运动情况以及物理特性等信息。

高分辨率分光摄谱仪用于测量星际和星体周围的紫外线辐射，以便研究爆炸星系的物理组成、星际中的气体云和星体物质的逸散等问题。

高速光度计是太空望远镜中最简单的科学仪器。它可以测量从天体发来的极亮的光；还可以广泛进行显微水平的精密测量；能通过测量接收到目标天体发来的光的总和，而得出目标天体的距离。这个光度计将在精确测量银河系及其他附近星系方面发挥更大作用。

广角行星摄影机是由装在一个仪器箱中的两个独立摄像机所组成，主要用于对行星进行观测。由于其视野广阔，所以能观测到更大的宇宙空间，并能提供更精美的星体图像，所得到的行星图像，如同近距摄得的一样清晰。哈勃太空望远镜的结构设备，绝大部分由以美国洛克希德导弹与航天公司为首的多家厂商、大学和科研单位承包制造，而欧洲航天局承包了太阳能电池板和暗弱天体摄影机的研制工作。这架望远镜耗资 15 亿美元，每年的维护费 2 亿美元，可以在太空工作 15 年。

哈勃太空望远镜实质上就是一颗大型天文卫星，犹如一座空间天文台。由于它在地球大气层外的宇宙中工作，从而消除

由哈勃望远镜拍摄的太空

了地面天文观测的障碍；避免了大气层对天体光谱的吸收和大气层湍流对天体观测的影响。这样的环境优势，使得哈勃太空望远镜的性能大大地提高了。

在美国哥达德太空中心，科学家们检测了哈勃望远镜敏感的探测力，它的能力等于从华盛顿观察到 1.6 万千米外的悉尼的一只萤火虫。哈勃太空望远镜能够探测出比地面望远镜可测光微弱数十倍的光线，相当于在地球上看清月球上 2 节手电筒的闪光。它的清晰度比目前地面望远镜高 10 倍。

美国宇航局的爱德华·韦勒说，一个地面望远镜能看清一颗 10 亿光年的恒星，而哈勃太空望远镜能看到 100 亿光年的恒星，可让科学家们看清宇宙间还未成熟的恒星，因为它们的年龄也在 100 亿到 200 亿年之间。更令人吃惊的发现是，由于这个望远镜能看到从亿万千米远天体上发光时的情况，因此它能让科学家们知道光在到达地球前是什么样子。例如光从太阳到地球约需 8 分钟，有了哈勃太空望远镜，科学家们就会知道光刚从太阳发射的情况。

科学家认为，这是自 400 年前伽利略用自制的望远镜观察天体以来，天文学上又一令人惊奇的望远装置，它将揭开人类探索宇宙的新篇章，使人类认识一系列鲜为人知的奥秘。科学家希望它将帮助回答宇宙的形成和演变，

地球以外是否有智慧生物等一系列科学难题。

为了确保太空望远镜在空间正常而有效地工作，必须有地面和空中的多方配合。为此而组成了包括航天飞机、太空望远镜、跟踪和数据中继卫星以及地球站在内的大系统，所有这些方面缺一不可。

航天飞机是太空望远镜的唯一运载工具，它主要承担望远镜的发射入轨、在轨更换仪器设备与检修以及回收等任务。跟踪和数据中继卫星是位居地球静止轨道的通信卫星，由美国的"挑战"号航天飞机发射入轨，它在太空望远镜系统中承担着信息的中转传输任务，即把望远镜观测得到的数据转发给地面，并把地球站对望远镜的跟踪和遥控信息转发给太空望远镜。太空望远镜系统所需的两颗跟踪和数据中继卫星已由美国的航天飞机于20世纪80年代中、后期发射入轨，分别定位在西经41度和170度赤道上空。这两颗卫星与一个地球测控站组网，能使哈勃太空望远镜在其运行的85%时间与地面保持联系。

美国宇航局哥达德太空飞行中心内的太空望远镜操作控制中心，控制着哈勃太空望远镜环绕地球运行、观测准备和探索宇宙的具体工作。首先要打开望远镜的太阳能电池板，以便为镜上各系统正常工作提供必要的能源。倘若太阳能电池遥控展开失败，则可由航天飞机上的宇航员去用手动摇杆将其打开；如果望远镜由于某种原因不能使用，还可把它重新放回航天飞机货舱，带回地面检修。如果望远镜的各部分工作正常，整个太空望远镜系统就可开始联网运转，太空望远镜可将其观测到的大量信息，源源不断地通过一个跟踪和数据中继卫星适时传输给地球站。

5月20日，哈勃太空望远镜首次睁开它的电子眼观察宇宙，拍摄了具有历史意义的第一张太空照片。

在当天的格林尼治时间15时12分，哈勃太空望远镜运行到新几内亚查亚普拉上空时，广角行星摄像机启动1秒钟，拍摄了首张黑白照片。随后摄像机快门再次启动，曝光30秒，拍摄了第二张照片；第一张照片拍摄的是银河系中的NG3532星团，它距离地球约1260光年，是一个很难区别的星群；第二张拍摄的是太阳，这两张照片先是存储在磁带上，两个多小时后转发到地面。

哈勃太空望远镜的第一批图像经过计算机处理，比原来预料的清晰度高

2~3倍；虽然显示有几十个太阳的第二张照片，图像稍微拉长了，但在没有完成望远镜光学系统调焦的情况下，得到这样的照片，其质量比原来预料的还要好。

哈勃太空望远镜的轨运行周期为97分钟，即每隔97分钟绕地球运行一圈，一天之内日出日没达15次，进出地球阴影区15次。

知识点

地球静止轨道

地球静止轨道又叫地球静止同步轨道、地球同步转移轨道，是指卫星或人造卫星垂直于地球赤道上方的正圆形地球同步轨道。由于在这个轨道上进行地球环绕运动的卫星或人造卫星始终位于地球表面的同一位置，所以地表上的观察者在任意时刻始终可以在天空的同一个位置观察到它们，并会发现它们在天空中静止不动。

射电望远镜

射电望远镜又称无线电望远镜，它是20世纪40年代才发展起来的新型天文探测工具。射电望远镜与光学望远镜有很大的不同，它既没有大炮式的镜筒，也没有物镜、目镜，它不是靠接受天体的光线，而是靠接受天体发射出来的无线电波，来进行天文观测的。射电天文望远镜的形状与雷达接收装置非常相像。

射电单远镜最显著的优点之一是不受天气条件的限制，不管刮风下雨，无论是白天黑夜，都能进行观测。它的探测能力比普通的光学望远镜要强得多。20世纪60年代天文学上的四大发现——脉冲星、类星体、星际有机分子、微波背景辐射，都是从射电望远

射电望远镜

镜中观测到的。

为什么射电望远镜能看到光学天文望远镜无法观测到的许多宇宙秘密呢？我们知道，宇宙中的各种天体都能发出不同波长的辐射。而人眼只能看到天体在可见光范围（即波长在0.40～0.75微米之间）内的辐射情况，对可见光以外范围（如γ射线、X射线、紫外线、红外线及无线电波等）的辐射情况却视而不见。射电望远镜就是接收和记录各种天体在不同波段上辐射的各种信息，再根据天体物理理论，推算各类天体的有关物理情况，其中某些是光学望远镜难以测定的。有些天体在可见光波段的辐射并不明显，但在无线电波段却有很强的辐射，这时就只有依靠射电望远镜才能进行接收观测。此外，由于宇宙中存在着许多尘埃粒子，它们能挡住我们在可见光波段的视线，但对无线电波的阻挡却较少，因此，射电望远镜能观测到一些光学望远镜无法看到的天体。

射电望远镜实际上就是一套类似收音机、雷达那样的电子装置。它由天线、接收机、校准源以及记录设备等几大部分组成。天线系统的作用类似于光学望远镜中的物镜，用以收集来自天体的无线电波。接收机系统的作用是在预定的频率范围内，把天线接收到的微弱太空信号，从强大的噪声中挑选出来，然后进行放大、记录、显示。记录仪或显示器上描绘出来的图像通常是一些弯弯曲曲的线条，它们正是各种遥远的宇宙天体向我们发来的各种射电信息。

1971年，德国建成了世界上最大的可动式射电望远镜抛物两天线，直径达100米，可以指向太空任何方向，是一座性能优良的天线。1981年8月，美国又在新墨西哥州建成一个世界上最大、最现代化的综合孔径射电望远镜，它有27面直径为25米的天线，放置在臂长为21千米的Y形基线上。

为了突破电离层对射电观测的限制和干扰，科学家们已进行了太空射电观测，并且提出了更大胆的设想：建立起太空规模的射电观测网。到那时，人们将获得更多更新的太空信息。

月球探测器

月球探测器是对月球和近月空间探测的宇宙飞行器。分为无人探测和载人探测两个阶段。迄今，人类已经向月球发射过几十颗探测器，有苏联的"月球"号系列，美国的"徘徊者"号系列、"月球轨道环行器"系列、"月球勘测者"系列和"阿波罗"载人飞船系列等。首先是进行无人探测，它们各自携带所需的仪器设备，前往月球的周围空间或深入月球本土探测，初步摸清月球的性格和脾气。这些仪器设备主要有电视摄像机、无线电通信设备、月岩采集器、月球车等。探测方式有飞近月球拍照，将探测器直接撞击月岩（探测器的仪器工作到碰撞月岩时才中断），绕月拍摄月球背面照片，采用着落月面之前启动探测器上的逆向火箭，使探测器缓慢软着落，软着落后探测器仍然可以继续探测；围绕月球轨道环行，对月球拍摄特写

美国"勘测者"号月球探测器

镜头；用采集器采集月岩，分析月球的月质条件；利用月球车对月面进行考察和在月面做科学实验。

经过无人探测打下基础，紧接着开始载人探测。1969 年 7 月 16 日美国发射的"阿波罗 11"号载人飞船登月舱在月面着落，使神话"嫦娥奔月"成为现实，宇航员在月面行走，成为"奔月"的男"嫦娥"。其后，"阿波罗"的另 5 艘载人飞船登月舱也相继登月成功，详细地揭示了月球表面结构性质、月球表面物质的化学成分和物理性能，并探测了月球的重力、磁场和月震等。人类撩开了月亮女神神秘的面纱，一睹她秀丽的风采。

━━▶ 知识点

月球车

月球车是一种能够在月球表面行驶并完成月球探测、考察、收集和分析样品等复杂任务的专用车辆。月球车分为无人驾驶月球车和有人驾驶月球车。无人驾驶月球车由轮式底盘和仪器舱组成，用太阳能电池和蓄电池联合供电，

行驶是靠地面遥控指挥。有人驾驶月球车由发动机驱动，靠蓄电池提供动力，有宇航员驾驶操作。

行星探索器——"旅行者"号探测器

"旅行者"号探测器是美国行星和行星际探测器系列之一。它们是一对孪生姐妹，作为地球使者，前往木星、土星、天王星和海王星方向。"旅行者2"号"慢鸟先飞"，于1977年8月20日先行动身，"旅行者1"号是"飞毛腿"，晚半个月启程。它们身重约800千克，主体是一个扁平十面棱柱体，中央有球形推进剂箱，周围安置电子设备，头戴一顶"大草帽"——抛物面天线，左右各伸出一支"手臂"，一长一短，短的是科学仪器支架，长的是磁强计支杆，侧身还挂着3节补充能源用的"食品袋"——同位素电池。携带的科学探测仪器有：为行星和卫星画像留影的电视摄像机、红外光谱计、干涉仪和辐射计、紫外光谱计和偏光计；探测行星际空间环境的宇宙线探测器、低能带电粒子探测器、等离子探测器和磁强计、行星射电天文接收机及其鞭状天线。"旅行者"姐妹俩于1979年3月5日和7月9日先后与行星的"老大"——木星相会。拜访木星时，借助木星的强大引力，给自己"加油"，并改变航向，又于1980年11月13日和1981年8月26日先后到达土星访问。此后，"旅行者1"号便径向太阳系边陲直奔而去，于1988年3月穿越冥王星轨道和1988年11月穿越海王星轨道，首先飞出太阳系而进入宇宙太空。"旅行者2"则在茫茫太空翱翔了整整12年、行程70多亿千米，来到离"边疆"的第二颗行星——海王星访问，并于1990年以14.8千米每秒的速度携带着给"外星人"的礼物——"地球之音"离开太阳系，去寻找宇宙中的"知音"。

"旅行者1"号距离木星278000千米处越过木星时，信号传输到地球用37分钟，发现木星卫星1上至少有6座火山正以时速1600千米喷发，木星卫星4上的环形山比木星卫星3多，还观测了厚达30千米的木星环和大红斑。1980年11月发回了土星环照片，11月11日靠近土卫6飞行，看到它上空笼罩有至少280千米厚的稠密不透光雾层，温度约为零下181摄氏度，推翻了

1944 年所认为是甲烷的论点。而证实是氮气。"旅行者 2"号于 1979 年 7 月 9 日飞临木星，迫近木星卫星 2 时发现它地势平坦，无火山口，完全由一层薄冰覆盖。发现木星卫星 1 有 7 座火山在爆发。1981 年 8 月 26 日飞近土星，观测了土星、土星环，发现 6 颗新土星卫星。到 1982 年底"旅行者 2"号已拍回照片 32000 幅，后来 1986 年 1 月又飞过天王星，1989 年 8 月飞近海王星。

"旅行者 2"号飞出太阳系

行星探测器——"先驱者"号探测器

"先驱者"号探测器是美国行星和行星际探测器系列之一。1958 年 10 月至 1978 年 8 月发射，共 13 个。用来探测地球与月球之间的空间，金星、木星、土星等行星及其行星际空间。其中"先驱者 10、11"号最引人注目。

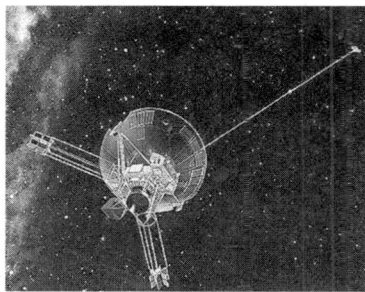
"先驱者 10"号木星之旅

"先驱者 10、11"号是一对同胞兄弟，相貌相似，体重约 260 千克，主体都是一个六棱柱，身高 2.4 米，最大直径 2.7 米。它们个头不算太大，却背负着 10 多种科学仪器。"兄弟"俩是人类派往访问外行星的第一批使者。"先驱者 10"号于 1972 年 3 月 2 日先踏上征途，经过 1 年又 9 个月的长途跋涉，穿过危险的小行星带，闯过木星周围的强辐射区，于 1973 年 12 月 3 日与木星相会合。它在距木星 13 万千米处为这颗行星拍摄了第一张照片，并进行 10 多项试验和测量，向地球发回第一批木星资料，为揭开木星的奥秘立下头功。在木星巨大引力加速下，直向太阳系"边疆"遁去，于 1989 年 5 月 24 日飞越冥王星轨道，带着给"外星人"礼品——"地球名片"，向银河系漫游而去。

"先驱者 11"号于 1973 年 4 月 6 日启程。它以探测土星为主要重任，因此，于 1974 年 12 月 5 日抵达木星附近时，进行礼节性访问后，便直奔庞大的土星家族，1979 年 8 月 16 日到达，9 月 7 日告别。在 22 天访问中，测定了土星轨道和总质量；测量了土星的大气、温度、磁场、光环，并对 10 颗卫星作近距离观测。握别土星后，便从天王星近旁掠过，与"先驱者 10"号同于 1989 年飞离太阳系。

探索外层空间的新标志——人造地球卫星

随着人类科学技术的不断发展，探索太空的能力和手段越来越多，其中人造地球卫星的成功发射，为人类探索太空开创了新纪元。

人造卫星的概念始于 1870 年。人造地球卫星是指发射到绕地球轨道上作短期或长期运行的人造航天器。其运动服从开普勒行星运动定律，其轨道一般是以地心为焦点的椭圆，特殊情况下是以地心为中心的圆。它离地面的高度根据用度而定，从几百千米到几万千米不等，一般不低于 200 千米。

1957 年 10 月 4 日，苏联在拜科努尔发射场发射了世界上第一颗人造地球卫星——"斯普特尼克 1"号，首先闯入浩瀚的太空，人类从此进入了利用航天器探索外层空间的新时代。

第一颗人造卫星由镀铬合金制成，重 83.6 千克，外表呈圆球形，直径 58 厘米，轨道远地点为 986.96 千米，近地点为 230.09 千米，每 96 分钟绕地球一周。卫星载有两部无线电发报机，通过安置在卫星表面的 4 个天线，发报机不断地把最简单的信号发射到地面。世界各地许多无线电爱好者当时都接收到了这一来自外空的信号。第一颗人造地球卫星在近地轨道上运行了 92 个昼夜，绕地球飞行 1400 圈，总航程 6000 万千米。

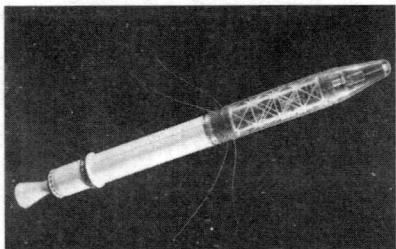
美国制造的第一颗人造地球卫星

继苏联成功发射第一颗人造地球卫星后，美国、法国、日本、中国先后也成功独立发射了人造地球卫星。其中，1970 年 4 月 24 日，我国用自己研制的"长征 1"号运载火箭送上太空的"东方红 1"号卫星是一个直径约 1 米的近似球形多面体，重 173 千克，它比苏、美、法、日的第一颗人造卫星总重量还重。轨道的近地点为 439 千米，远地点为 2388 千米，轨道倾角为 68.5 度。

人造卫星是发射数量最多的一种航天器，占全部航天器的 90% 左右，在科学、军事和国民经济各个方面都获得了极其广泛的应用。以科学探测和研究为目的有天文卫星、观测卫星、地球物理卫星、大气密度探测卫星和电离层卫星等。

正是考虑到 1957 年 10 月 4 日发射的第一颗人造卫星开辟了人类探索外空的道路，以及 1964 年 10 月 10 日外空条约生效，1999 年联合国第三次外空会议的与会国一致建议，将每年的 10 月 4 日～10 日作为"世界空间周"。这一意见得到了联合国第 54 届大会的核准。

载人航天器——宇宙飞船

宇宙飞船是一种运送航天员、货物到达太空并安全返回的一次性使用的航天器。它能基本保证航天员在太空短期生活并进行一定的工作。它的运行时间一般是几天到半个月，一般乘 2～3 名航天员。

世界上第一艘载人飞船是"东方 1"号宇宙飞船。它由两个舱组成，上面的是密封载人舱，又称航天员座舱。舱内设有能保障航天员生活的供水、供气的生命保障系统，以及控制飞船姿态的姿态控制系统、测量飞船飞行轨道的信标系统、着陆用的降落伞回收系统和应急救生用的弹射座椅系统。另一个舱是设备舱，长 3.1 米，直径为 2.58 米。设备舱内有使载人舱脱离飞行轨道而返回地面的制动火箭系统，供应电能的电池、储气的气瓶、喷嘴等系统。"东方 1"号宇宙飞船总质量约为 4700 千克。"东方 1"号宇宙飞船打开了人类通往太空的道路。

至今，人类已先后研究制出三种构型的宇宙飞船，即单舱型、双舱型和三舱型。其中单舱式最为简单，只有宇航员的座舱；双舱型飞船是由座舱和提供动力、电源、氧气和水的服务舱组成，它改善了宇航员的工作和生活环境，世界第一个男女宇航员乘坐的苏联"东方"号飞船、世界第一个出舱宇航员乘坐的苏联"上升"号飞船以及美国的"双子星座"号飞船均属于双舱型；最复杂的就是三舱型飞船，它是在双舱型飞船基础上或增加 1 个轨道舱（卫星或飞船），用于增加活动空间、进行科学实验等，或增加 1 个登月舱（登月式飞船），用于在月面着陆或离开月面，苏联/俄罗斯的联盟系列和美国"阿波罗"号飞船是典型的三舱型。联盟系列飞船至今还在使用。

虽然宇宙飞船是最简单的一种载人航天器，但它比无人航天器（例如卫星等）复杂得多，到目前只有美、俄、中三国能独立进行载人航天活动。

我国于 1999 年 11 月 20 日 6 时 30 分 7 秒在酒泉卫星发射中心成功发射了第一艘宇宙飞船"神舟 1"号。在这次发射实验中，首次采用了在技术厂房对飞船、火箭联合体垂直总装与测试，整体垂直运输至发射场，进行远距离测试发射控制的新模式。在原有的航天测控网基础上新建的符合国际标准体制的陆海基航天测控网，也在这次发射试验中首次投入使用。飞船在轨运行期间，地面测控系统和分布于公海的 4 艘"远望"号测量船对其进行了跟踪与测控，成功进行了一系列科学试验。

"神舟 7"号宇宙飞船开始巡天之行

此次实验标志着我国航天事业迈出重要步伐，对突破载人航天技术具有重要意义，是我国航天史上的重要里程碑。

继这次成功发射宇宙飞船后，我国又相继成功发射神舟系列宇宙飞船"神舟 2"号"神舟 3"号"神舟 4"号"神舟 5"号"神舟 6"号"神舟 7"号。在最后一次"神舟 7"号宇宙飞船上实施了我国航天员首次空间出舱活动，突破和掌握出舱活动相关技术，同时开展卫星伴飞、进行"天链 1"号卫星数据中继等空间科学和技术试验。飞船运行期间，1 名航天员着我国研制的"飞天"舱外航天服出舱进行舱外活动，回收在舱外装载的试验样品装置。这是人类载人航天技术的一个重大跨越。

轨道舱

轨道舱也称留轨舱，就是宇宙飞船在运行轨道上的舱，是航天员在轨道上的工作和休息的场所，里面装有各种实验仪器和设备，可实行对地观测，其两侧装有可收放的大型太阳能电池翼、太阳敏感器和各种天线以及各种对接结构，用来把太阳能转换为飞船的能源、与地面进行通讯等。

载人科学卫星——空间站

空间站是一种大型载人科学卫星。人在空间站里可以居住、生活和进行各种科学实验。在这种空间站上装上巨型望远镜，就成为空间天文台。空间站也是一个无菌、无污染的特殊实验室。特别是在空间轨道上存在着真空失重等条件，可以进行一些在地面上不能进行的科学实验，还可以进行一些特殊产品的制造，进行各种无重力条件下的生物实验等。

1973 年 5 月 14 口，美国第一个空间站发射进入地球轨道。先后有 3 批共 9 名宇航员登上"天空实验室"进行生物、航天医学、太阳物理、天文观测、对地观测和工程技术试验，拍摄了约 1000 万平方千米地球表面的照片共 4 万多张。创造了宇航员在太空停留 84 天的纪录。

1986 年 2 月 20 日，苏联发射了它的第 8 个空间站——一种新型的"和平"号空间站。它有 6 个姿口，可以同时停靠 6 艘宇宙飞船。

"和平"号空间站

站内设有专用乘员仓，里面有小桌一张和一把椅子，用来写宇航日记，还可以放文件。还安装有脚踏装置进行体育锻炼：骑自行车记录器，或在"跑道"上奔跑。室温高达 28 摄氏度，宇航员在业余时间可以聊天、听音乐、看录像。最使他们激动的是每周一次与地球上亲人的通话。

1988 年 9 月 19 日，美国与欧洲 9 个国家及日本、加拿大达成协议，决定共同参加建造一个大型轨道空间站，使其规模更加庞大、更加复杂、完整，并真正成为一个自由的宇宙基地。这项计划从 1996 年开始，1998 年完成。

空间试验基地——太空实验室

人们早就幻想，在宇宙空间建立永久性的居住村，让地球上的人长期在那里生活、工作，并作为到其他星球旅行的中转站。20 世纪 70 年代，宇宙飞船围绕地球做太空旅行和登上月球并安全返回地面以后，建立宇宙空间站的目标就近在咫尺了。苏联最先迈出了这一步。

1971 年 4 月 19 日，世界上第一个长期围绕地球运转的人造天体——轨道空间站，从苏联拜科努尔宇航中心发射升空，它取名"礼炮"号，其意思可能就是人类进入太空长期生活和工作的开张典礼吧。"礼炮"号轨道空间站的近地点为 200 千米，远地点为 222 千米，相当接近于一个圆形轨道，这个近圆形轨道与地球赤道面的夹角为 51.6 度。"礼炮"号轨道空间站实际是一个天空实验室，里边很宽阔，分成几个部分，可以同时进行几种科学实验工作。它与宇宙飞船"联盟"号对接后，总重量为 25.6 吨。

1971 年 4 月 23 日，苏联发射了"联盟 10"号宇宙飞船，宇航员沙塔洛夫、叶利谢耶夫和鲁卡维什尼科夫乘"联盟 10"号飞船，跟随"礼炮"号轨道空间站，在太空飞行了 5 个小时，并同礼炮号对接，然后就按预先规定的地区返回地面安全着陆，很多人都猜想，这次飞行没有完成任务，失败了。1971 年 6 月 6 日，苏联又发射了"联盟 11"号飞船，宇航员是冬布罗夫斯基、沃尔科夫和帕察耶夫。一昼夜后，完成会合、对接程序，宇宙飞船乘员组进入空间站，宇航员在空间站逗留 23 昼夜，完成了大量而复杂的综合科技实验和研究任务。6 月 30 日，"联盟 11"号宇宙飞船和"礼炮"号轨道空间站分开，返回地球时，由于回收舱漏气，3 名宇航员全部死亡。10 月 11 日，按地面指令"礼炮"号轨道空间站进行制动，进入稠密大气层后陨毁。

1973 年 5 月 14 日,美国用"土星 5"号运载火箭把空间站"天空实验室"送入近地轨道(近地点高 434 千米,远地点高 437 千米),运行周期 93 分钟,倾角 50 度。它在轨道上重 770 吨,长 24.6 米,最大直径 6.6 米。利用改进型的"阿波罗"宇宙飞船将乘员送入轨道,并返回地面。自 1973 年 5 月 25 日至 1974 年 2 月 8 日,曾先后把 3 个探险队发送上"天空实验室"。

他们在"天空实验室"制造了各种材料,在失重条件下,他们用不着使用任何容器,就能熔化金属并把它们混合起来。把"天空实验室"制造的材料与在地球上工厂生产的材料相比,前者更纯。这就证明了容器污染材料——一项对工业有重要意义的发现。

在"天空实验室"中,宇航员们用特殊摄影机,在大气层以外拍摄了上万张太阳照片,其中包括对太阳爆发的描绘。这些照片可以指引科学家发现由太阳能转变为电能的新途径。他们还拍摄了几千张地球地质照片,这些照片可以帮助科学家去发现各种矿藏。

按原定计划,"天空实验室"将在轨道上运行 10 年,但因其各种缺陷,于 1979 年 7 月 11 日坠入稠密大气层烧毁。

1983 年 11 月 28 日美国东部时间上午 11 时,耸立在肯尼迪航天中心 39 号发射台上的"哥伦比亚"号航天飞机,开始了它的第六次航天飞行。在"哥伦比亚"号航天飞机货舱内,装载着目前世界上规模最大的太空实验室。

这个太空实验室是由欧洲空间局负责研制的一种可重复使用的载人空间实验装置。整个空间实验室计划于 1973 年开始,欧洲空间局的 11 个参加国为它的研制耗资约 10 亿美元。该实验室是由标准构件组合而成,组合形式可视各种不同的实验需要而定。标准构件有密封科学舱和托盘两种,密封科学舱呈圆筒形,长约 7 米,直径约 4 米,内装实验所需的各种仪器设备,科学家在它的里面工作。这次首航的太空实验室—1 采用的是一个密封舱与一个托盘的组合。按设计要求,太空实验室—1 的使用寿命可达 10 年,使用中它还可以根据需要重新组合。

太空实验室这次历时 10 天 23 个小时的科学实验飞行中,科学家们进行了由 4 个国家提出的 73 项实验达数百次,实验内容涉及面很广,包括大气学、气候学、地球学、天文学、医学、生物学和冶金学等很多方面,取得了丰硕的成果。

1986 年 2 月 20 日，苏联用"质子"火箭发射的世界最先进的"和平"号轨道空间站进入轨道。这是苏联的第三代轨道空间站。3 月 15 日，"联盟"T15 号飞船与它对接，宇航员及工程师进入"和平"号空间站工作。7 月 16 日，宇航员基齐姆和索洛维约夫结束了 125 天的宇宙飞行，回到地面。"和平"号轨道空间站仍在太空自动飞行。

"发现"号宇宙飞船拍摄的"和平"号空间站

"和平"号轨道空间站还有一个豪华的生活场所，它第一次使宇航员有单人房间，房间内有睡袋、椅子和桌子，宇航员可随时伏案书写宇航日记。还可以用桌子上的电炉烹调自己吃的食物。由 12 人组成的定期轮换的标准航天队伍，可长期舒适地在站内生活和工作。

"和平"号轨道空间站接待了很多宇航员、科学家、医生和工程师，进行物理学、化学、医学、工程等各方面的科学实验。

有些人在"和平"号轨道空间站工作和生活很长时间。1987 年 2 月 6 日，苏联著名宇航员尤里·罗曼年科进入空间站，进行了天文学、物理学、工艺学、地球物理学等科目的科学实验 1000 多次，绕地球飞行 5000 多圈，于 12 月 9 日返回地面，连续在太空飞行 326 天，创造了人类航天史上长时间飞行的最高纪录。

据报道，由目标飞行器"天宫 1"号以及"神 8"、"神 9"、"神 10"三艘飞船组成的中国首个太空实验室，可能在 2009 年底前进入发射场，进行联合演练。通过"神 7"成功发射，中国掌握了太空行走技术，这也令载人航天工程正式进入第二阶段——建立小型太空实验室。

目前中国太空实验室研发顺利，已完成初样设计，进入正样研发阶段。这一阶段的中国载人航天工程，主要将突破"交会对接"技术，目标飞行器将通过这一技术与多艘飞船组合成小型太空实验室。同时，从"天宫1"号到"神10"飞船，堪称中国载人航天史上最密集的发射，4个飞行器要保证在1年时间内全部升空。

中国航天的目标分为三大步，第一步是把人送上太空，这个目标在"神5"顺利升空时即已达成。第二步是继续突破载人航天的基本技术：多人多天飞行、航天员出舱在太空行走、完成飞船与空间舱的交会对接。第三步就是建立永久性的空间试验室，进行科学试验。"神7"升空，意味着三部曲中的第二音阶已然奏响，随后的"神8"到"神10"飞船将相继升空，以奇丽的太空之舞构筑起中国自己的"天宫"系列太空实验室。

我国将在2010年至2015年间发射"天宫1"号目标飞行器和"天宫2"号、"天宫3"号两个空间实验室，还将分别发射2艘无人飞船进行无人对接试验，然后再发射5艘飞船进行载人对接试验和载人驻留试验，预计在7年内连续发射7艘太空飞船。

在"神5"和"神6"的时候，我国的载人航天工程就有八大系统，对外宣称七大系统，只是正在研制中的空间实验室系统，没有参与此前的"神舟"系列。实际上关于"天宫"太空实验室的研制，早在"神舟6"号飞行期间就已经展开。在实现"太空行走"和交会对接技术之后，以空间实验室为平台的空间应用系统将发挥更大的作用。

有了自己的空间实验室甚至空间站，也就有了更多用于空间科学试验的空间，空间应用系统在载人航天工程中的比重也将随之增大。外太空处于真空和失重状态，而且没有大气的阻隔，太空中还有太阳电磁辐射和高能粒子辐射，这样的环境不适合人类居住，但却为人类提供了独特的试验环境。太空生命科学试验不仅可以进行植物育种、发明新的药物，而且在半导体、特种材料、天文学、对地观测等方面的好处更是不一而足。"神舟7"号飞船将进行固体润滑材料的外太空暴露试验，试验数据有助于改善润滑剂效能，应用于汽车还能达到节能减排的作用。因此，以"神7"为起点的空间站建设，将为科学研究带来更大的舞台。

知识点

近地轨道

近地轨道又称低地轨道、顺行轨道，是指航天器距离地面高度较低的轨道，一般高度在 2000 千米以下的近圆形轨道都可以称之为近地轨道。由于近地轨道卫星离地面较近，绝大多数对地观测卫星、测地卫星、空间站以及一些新的通信卫星系统都采用近地轨道。

多级火箭和"一箭多星"

要到太空中去，乘飞机是不行的，因为飞机的速度也不过每秒 1 千米左右。要想使飞船加速到每秒 1 千米以上，目前常采用火箭来完成这个任务。火箭自带燃料和助燃剂，即使到了真空地界，火箭照样可以工作。如果火箭在大气层中就达到 7.9 千米/秒这样的速度，那么，物体与空气摩擦产生的高热将把它烧成灰烬。所以，无论是人造卫星或是宇宙飞船，都得先以较低的速度穿出大气层，然后再加速到所需的速度。因为火箭所带的燃料是有限的，要想用单级火箭把卫星送上天是不可能的。后来，人们采用了多级火箭解决了这个矛盾。所谓多级火箭就是在大火箭上再装上数个更小点的火箭。起飞之后，大火箭先工作，到一定的速度时，它的燃料用完，便把一级火箭的壳体抛掉，这样一级一级地加速，并一级一级地抛掉壳体，最后将卫星送入轨道。

人类采用多级火箭技术，已发射了数以千计的人造卫星及载人飞船，并且还发射了许多星际探测器，对太阳系及其他行星进行了考察，取得了不少宝贵资料。

另外还有一种重要技术叫"一箭多星"。所谓"一箭多星"就是用一枚运载火箭同时发射多颗人造卫星的发射方式。大多用于将同一枚运载火箭中的多颗卫星送入基本相同的轨道上。在末级火箭发动机熄火之后，卫星一一分离，前后只相隔几秒钟的时间。只是由于各个卫星与火箭分离速度不同，它们的运行轨道才略有差异。如果需要把几颗卫星分别送入不同的运行轨道，那么末级火箭发动机就应有多次启动的能力。当第一颗卫星分离以后，末级火箭发动机再次点火工作，改变轨道。在发动机第二次熄火后，第二颗卫星分离……后面的卫星发射以此类推。

发射多颗卫星的运载火箭常常配置有专用的卫星安装支架。支架的下端与末级火箭连接，支架上可以同时安放几颗卫星。卫星的"座位"下有弹簧或顶杆机构，入轨时靠弹簧或杆机构将卫星推出。

最早实现"一箭多星"的国家是美国。1960 年美国用一枚火箭发射了两颗卫星，1961 年又实现了"一箭三星"。苏联曾经多次用一枚火箭将 8 颗卫星送入运行轨道。1981 年，欧洲空间局的"阿丽亚娜"运载火箭，将一颗欧洲气象卫星和一颗印度实验通信卫星，同时送入地球同步轨道。我国于 1981 年 9 月 20 日也成功地将 3 颗科学实验卫星送入近地轨道，开始了一箭多星技术的研发。

中国航天"长征"运载火箭

为了提高火箭在宇宙航行中的飞行速度，科学家一直在寻找新的能源。1953 年，一位德国科学家提出了光子火箭的设想。光子，就是构成光的粒子。当它从火箭的尾部喷出来的时候，就具有光的速度，每秒可以达到 30 万千米。如果用光子来作为火箭的推力，我们到达太阳的近邻——比邻星就只要 4~5 年的时间。

可是，光子火箭的设想还只是停留在理论上，制造它的困难在于它的结构。

我们已经知道，原子是物质化学变化中最小的微粒，原子又是由带正电的原子核和围绕原子核运动的带负电的电子组成的。原子核由带正电的质子和不带电的中子组成。质子、中子和电子还可以分成许多微小的粒子，如中微子、介子、超子等等。

科学家还发现，宇宙中还存在着和这些粒子对应的、电荷相等而符号相反的粒子，如带正电的"反电子"、带负电的"反质子"等，这些粒子被称为"反粒子"。科学家预言，在宇宙空间还存在着"反粒子"组成的"反物质"，当粒子与"反粒子"、物质和"反物质"相遇的时候，就会发生湮灭，同时就会产生大得惊人的能量：500 克的粒子和 500 克的"反粒子"湮灭，所产生的能量就相当于 1000 千克铀核反应时释放的能量。

如果我们把宇宙中存在的丰富的氢收集起来，让它和其"反物质"在火箭发动机内湮灭，产生光子流，从喷管中喷出，从而推动火箭，这种火箭就是"光子火箭"，它将达到光的速度，以 30 万千米/秒的速度前进。

虽然湮灭得到的能量十分诱人，科学家在实验室里也已获得了各种"反粒子"，如"反氢"、"反氘"和"反氦"，但是它们瞬息即逝、无影无踪，按目前的科学技术水平，不可能将它们贮存起来，更难以用于推动火箭的飞行。

然而，科学家还是乐观地认为，光子火箭的理想一定会实现。他们设想，在未来的光子火箭旦，最前面的是航天员工作和生活的座舱，中间是粒子和"反粒子"的贮存舱，最后面是一面巨大的凹面反射镜。粒子和"反粒子"在凹面镜的焦点处相遇湮灭，将全部的能量转换成光能，产生光子流。凹面镜反射光子流，推动火箭前进。

当然，在这样的光子火箭里，航天员的座舱必须有防辐射保护。否则，航天员的生命就会受到伤害。

可以反复使用的航天飞行器——航天飞机

正在升空的航天飞机

航天飞机是一种新型航天工具，它是有人驾驶可以反复使用的一种新式航天飞行器。大家知道，要把人造卫星、宇宙飞船等航天器送到大气层外的宇宙空间去旅行，就需要火箭作为运载工具，但是，在把航天器送到预定轨道的路上，火箭就被逐级抛掉了，也就是说，每发射一次卫星或飞船，就得报销一枚火箭。火箭高几十米，甚至上百米，直径也有十几米，而且，里面还装着许多精密仪器和部件，价格十分昂贵，使用一次就报废了，十分可惜。使用航天飞机可以像火箭那样垂直发射，又能在完成运输任务后重新返回大气层，随后像飞机一样方便地降落在地面，可以达到多次使用的目地。

航天飞机可以把卫星送入预定的地球轨道或是把需要回收的卫星从轨道上取下来，带回地面。在轨道上，它能对航天器进行检查、维修，使其延长使用寿命，甚至对敌人的军用卫星进行拦截、破坏或摘除。它还可以为天上的航天站运送物资，营救遇难的宇航员或为航天器添加推进剂等。

1981 年 4 月 12 日，第一架航天飞机"哥伦比亚"号起飞，成功地返回地面，结束了人类只能把航天器扔在太空的一次性使用方式的历史。1982 年 11 月 11 日，航天飞机首次进行商业性飞行，将两颗通讯卫星送入地球静止轨道。1983 年欧洲"空间实验室"航天站就是由美国航天飞机带到太空去的。在"哥伦比亚"号之后，"挑战者"号、"发现"号、"亚特兰蒂斯"号相继飞行。从 1981 年试飞到 1936 年 1 月"挑战者"号失事，在这 4 年多的时间内，美国共进行了 24 次航天飞机的飞行，发放人造卫星 30 颗，回收 3 颗，

"哥伦比亚"号航天飞机

空间修理两次，携带航天站一座，还进行了各种太空试验。使人类的太空事业进入了一个崭新阶段。

可航空又可航天的飞行器——空天飞机

空天飞机是一种正在研究的飞行器，它的全称叫航空航天飞机。顾名思义，它既可航空，在大气里飞行；又可航天，在太空中飞行，是航空技术与航天技术高度结合的飞行器。

美国在 1981 年研制成功了航天飞机，成为航天发展史上的一个重要里程碑。但是，航天飞机仍存在着许多不足，主要是维护复杂、费用昂贵和故障经常发生等。而空天飞机与航天飞机相比，则更多地具有飞机的优点。它的地面设施简单，维护使用方便，操作费用低，在普通的大型机场上就能水平

起飞和降落，就连它的外形也酷似大型客机。它以液氢为燃料，在大气层内飞行时，充分利用大气中的氧气。加之它可以上万次地重复使用，真正实现了高效能和低费用。

美国预研中的新一代空天飞机

研制空天飞机最大的关键技术是动力装置。它的动力装置必须能在极广的范围内工作，即从起飞时速度为零，到进入太空轨道时的超高速度范围内都能正常运行。这就要求它的动力装置具有两种功能：一是火箭发动机的功能，用于大气层外的推进；另一就是吸气式发动机的功能，用于大气层内的推进。吸气式发动机工作时，利用冲压作用对空气进行压缩液化，为其提供液氧燃料。

可以预料，空天飞机一旦研制成功，航天飞机将会被它完全代替，而地球上任何两个城市间的飞行时间都不会超过 2 小时，速度有多快可想而知。

1986 年 2 月，美国前总统里根在国情咨文中正式宣布了研制一种代号为"新东方快车"的空天飞机，其速度可达音速的 25 倍。空天飞机在起飞开始时靠空气涡轮冲压发动机提供推进动力，它利用空气中的氧与机上携带的氢产生所需的动力，起飞达到 6 倍音速后则开始使用超声速燃烧冲压发动机，它也是用空气中的氧与携带的氢提供动力，但由于速度的快速增大，所以工作运转的技术难度也就更大。在飞过大气层之后，空天飞机便依靠能在稀薄空气和真空中工作的氢氧发动机。这种混合式推进系统的使用，显然比火箭系统的发射重量大大地减轻了，所需携带的燃料也大幅度减少，除了在大气层内使用的氢和穿过大气层后使用数量已经较少的氢氧火箭燃料外，整个空天飞机是完全可以重复使用的。它的实现，将会使人类在地球与太空间来往自如，犹如太空列车，在地球和太空站之间来往对开。

探测神秘太空
TANCE SHENMI TAIKONG

太空的神奇让人类痴迷，人类对太空的探索也一直不间断地进行着，从最初的登天梦想到已经实现的登月计划，再到对火星、金星、木星、土星以及更遥远的星际空间的探索，人类在一步步实现自己探测太空的千年梦想。每一次探索都会有不同的收获，在探测太空的历史上，人类付出了汗水和努力，也由此获得了更多的对太空的了解，太空探索是一个艰难长期的征程，人类还只是刚刚起步，离终点还很遥远，也许这个征程永远没有终点。

成功发射人造地球卫星

1957 年 10 月 4 日早晨，苏联在中亚的拜科努尔航天中心发射了世界上第一颗人造地球卫星‘人造地球卫星 1”号，这是人类历史的伟大事件，也是人类科学的伟大成就，整个世界都为之震惊和激奋。第一颗人造卫星的上天，标志着人类征服太空历史的新纪元。

世界上第一颗人造卫星—"人造地球卫星 1"号，是在苏联火箭和航天专家科罗廖夫博士领导下建造和发射的，科罗廖夫的思想是：既然火箭能发射任何物体到任何地方，那为什么不能发射一颗人造地球卫星上天呢？他提议在 7 枚火箭中的第五枚上安装一颗卫星。

这颗卫星是用铝合金做成的圆球，直径 58 厘米，重量 83.6 千克，圆球外有四根弹簧鞭状天线，一对长 240 厘米，另一对长 290 厘米。卫星内部装

第一颗人造卫星上天

有两台无线电发射机，频率分别为 20.005 兆赫和 40.002 兆赫，采用一般电报讯号形式，两个信号持续时间约 0.3 秒，间歇时间亦为 0.3 秒。此外还有一台磁强计、一台辐射计数器、测量卫星内部温度和压力的感应元件及作为电源用的化学电池。

这颗人造卫星安装在三级火箭的最顶端，随着一声巨响，火箭载着卫星射向中亚上空，第一级火箭燃烧完了自动脱落，第二级火箭发动机推动其上升，第二级燃烧完了自动脱落，火箭变得更轻了，飞行速度更快了。随着速度的增加和空气阻力减小，它

爬的越来越高，第三级火箭把卫星送到大气层以上，人造卫星从第三级火箭中弹出，达到第一宇宙速度（7.9 千米/秒），进入环绕地球轨道独自在太空飞行。这颗卫星的远地点（离地面最远）为 964.1 千米，近地点（离地面最近）为 228.5 千米，是一条椭圆轨道。这条轨道平面与地球赤道平面的夹角（倾角）为 65 度。这颗卫星的飞行速度为每小时 28565.1 千米，是波音飞机速度的 30 倍。它环绕地球一周的时间是 96.2 分钟，比原来预计所需要的时间多用了 1 分 20 秒。

这颗人造地球卫星，在晴朗的夜空飞行，像一颗星星在天上移动，甚至可以用肉眼直接看到它。

世界上第一颗人造地球卫星，它在绕地球运转的过程中，搜集了很多有价值的资料。它用电子仪器测量了地球大气最高层的密度和压力，并通过无线电信号，把这些科学数据发射回苏联的地面雷达跟踪站。

卫星在天空运行 392 天，绕地球飞了 1400 圈，行程 6000 万千米，于

1958 年 11 月 4 日陨落。为了纪念人类进入宇宙空间的这一伟大创举，苏联在莫斯科的列宁山上建立了一座纪念碑，碑顶安放着这颗人造天体的复制品。

随着苏联第一颗人造地球卫星的发射成功，人类利用人造天体研究和开发利用宇宙的时代开始了。紧接着又有一些国家发射了人造地球卫星：1958 年 2 月 1 日，美国发射了第一颗人造卫星"探险者 1"号；1965 年 11 月 26 日，法国第一颗人造地球卫星"A－1"上天；1967 年 11 月 29 日，澳大利亚把第一颗人造卫星"武器研究卫星－1"送入绕地球运转的轨道；1970 年 2 月 11 日，日本的第一颗人造卫星"大隅"开始进入轨道；1970 年 4 月 24 日，中国第一颗人造卫星"东方红"号发射成功；1971 年 10 月 28 日，英国发射了第一颗人造地球卫星"普罗斯别洛"；加拿大从 1962 年起也开始发射地球卫星，还有印度等国也发射了人造地球卫星。到目前为止，全世界一共发射了 4500 多颗人造卫星，它们分别行使着各种职能，为人类服务。

知识点

宇宙速度

宇宙速度是指物体达到 11.2 千米/秒的运动速度时能摆脱地球引力束缚的一种速度。在摆脱地球束缚的过程中，在地球引力的作用下它并不是直线飞离地球，而是按抛物线飞行。脱离地球引力后在太阳引力作用下绕太阳运行。若要摆脱太阳引力的束缚飞出太阳系，物体的运动速度必须达到 16.7 千米/秒。那时将按双曲线轨迹飞离地球，而相对太阳来说它将沿抛物线飞离太阳。

"东方1"号宇宙飞船进入太空

1961 年 4 月 12 日，苏联宇航员尤里·加加林乘"东方1"号宇宙飞船进入太空，绕地球飞行一周后安全返回地面，成为遨游太空的第一人。这一天也是人类征服太空历史上的伟大日子，从而开始了载人宇航的新时代。加加林也成了开创人类太空旅行的宇航英雄。

早在 1957 年 10 月 4 日，苏联就成功地发射了世界上第一颗人造地球卫星

"人造卫星1"号，在一个月之后，苏联又发射了第二颗人造卫星"人造卫星2"号，并且在这颗卫星里运载了一条小狗，它的名字叫"莱卡"，小狗莱卡是世界上第一只进入太空做环球旅行的哺乳动物。实际上，苏联早就计划把人送上太空，并为此做了各种充分准备。

1961年4月11日，拜科努尔太空中心和横跨苏联国土遍布各地的40个雷达跟踪站，正在进行紧张的准备工作。在发射场，一些工程师在控制中心研究发射计划的具体细节；试验计算机和其他电子仪器的灵敏度；另外一些工程师则检查运载火箭和宇宙飞船关键部件是否正常；还有几百名士兵，执行着保卫任务。

两名宇航员加加林和蒂多夫在海滨一个小别墅轻松地度过了即将去太空旅行的前一天，加加林同蒂多夫打扑克，听音乐、聊天。晚上，他们早早就躺在床上就寝，而且觉睡得很香甜。

4月12日早，刚过5点钟，医生就把他们唤醒，仔细地复查了加加林的身体，结果健康状况非常好，没有发现任何问题，医生们很满意。接着两名宇航员共进早餐，他们吃牛肉和水果，喝的是咖啡。饭后，加加林穿好特制的宇航服，驾车直奔拜科努尔太空中心。

在拜科努尔，人们可以看到，"东方"号宇宙飞船和运载火箭耸入云天，准备起飞。火箭高37.5米，连它所带的燃料一起，总共有500吨重，而宇宙飞船本身重约4.5吨。

加加林从容不迫地走向飞船，爬进座舱，一边检查舱内仪器，一边等待起飞的命令。一会儿，从无线电传来控制中心的声音，告诉加加林准备起飞。

加加林在舱内

几分钟之后，拜科努尔发出一声巨大的呼啸，火箭射向天空。

加加林头戴一项白色飞行帽，身穿一套笨重的增压服，外边是衣裤相连在一起的橘红色工作装，躺在弹射椅上。供给他座舱和呼吸的空气来自设备舱的氧气瓶和氮气瓶，其压力与地面正常大气压一样。生命保障系统的生活物质，可供宇航员用10个昼夜。这艘宇宙飞船有两套控制系统，既可以由地面控制中心自动控制，也可以由宇航员手动操纵。火箭顶着飞船，上升到 320 千米的高空，脱去最后一级（第三级）火箭，进入绕地球运转的轨道。

"东方 1"号宇宙飞船的飞行速度为每小时 28259.3 千米，其轨道近地点为 181 千米，远地点为 327 千米，与地球赤道面夹角为 64.95 度。

在这次太空旅行期间，遍布苏联各地的 40 个雷达站，一直紧紧跟踪并报告宇宙飞船的位置；在控制中心，专家们注视着电视荧光屏和计算机，并通过无线电同加加林讲话。加加林向地面控制中心报告说："飞行正常，经受失重状态良好。"没有发生任何故障，飞行完全成功。

加加林驾着"东方 1"号宇宙飞船绕地球运行一圈，共飞行 40867.4 千米，用了一个半小时。当它完成轨道飞行任务时，点燃了一枚小型火箭，飞船便减慢了速度，脱离轨道而开始返回地球的归程。

回来的路仍然是非常危险的。因为宇宙飞船要从空气十分稀薄的外层空间重新返回浓密的大气层。这就涉及进入地球大气层的速度和角度问题。宇宙飞船在太空中以 28000 千米的时速飞行，那里几乎没有空气阻力，当然也就没有什么摩擦力。如果它以这样大的速度垂直进入大气层，所产生的巨大摩擦力会形成强烈的高温，就将烧毁飞船；另外一种危险是大气反弹，当宇宙飞船进入大气层的角度不对时，它就能被重新反弹出去，重新进入太空。在 120 千米高空进入地球大气层的宇宙飞船，只有与包围地球大气的球形切面成 5.2～7.2 度角时，才能安全返回地球（大于 7.2 度将被反弹，小于 5.2 度将烧毁）。为了避免这些可怕的危险，拜科努尔地面控制中心精确地控制宇宙飞船的飞行方向，以适当的角度进入地球大气层，并减低了速度。

尽管如此，"东方 1"号宇宙飞船仍然受到大气阻力摩擦，使金属外壳被加热升温变成红色。"东方 1"号宇宙飞船像个大火球一样，急速地向地面冲下来。

另一枚火箭点燃了，"东方 1"号宇宙飞船继续放慢速度，在离地面 7 千米的高度时，先后打开了两个降落伞，靠强大的空气阻力拖住宇宙飞船，帮助它把速度迅速降低到每小时 35 千米，几乎像人骑自行车一样。最后，"东方 1"号宇宙飞船悬在几个张开的大降落伞下面，徐徐下降，轻轻地落在莫斯科东南 805 千米的萨拉托夫——一个偏僻乡村的田野。

加加林乘"东方1"号宇宙飞船遨游太空，是人类进行的第一次太空旅行，他经受了人类历史上一次重要考验，没有受到任何伤害，从而证明了人体机能完全能承受火箭起飞时的超重负载，也能适应太空飞行中的失重环境，为人类进入太空征服宇宙开创了先例。

加加林乘"东方1"号宇宙飞船太空旅行的成功，使全世界都为之震动和高兴。每个国家都佩服苏联科学家的智慧和加加林的勇敢。全世界几乎所有的报纸都及时报道了这一消息，并刊登加加林的照片。

对月球的探测和利用设想

月球是距地球最近的天体，也是除了地球人类至今唯一留有足迹的星球。人类对月球的研究可以追溯到上古时代，那时候就有了关于月食的记录和预测。经过古代、近代和现代科学家长期的研究，尤其是20世纪末的40年里，人类多次的登月活动，对月球土壤的取样和分析，以及用航天器对月球的逼近探测等等，结果证明，月球已经具备被人类开发利用的基本条件。

首先，月球上有丰富的物质资源。月球上有地球上所有的元素和60多种矿物，其中还有6种矿物是地球没有的。在月球的土壤中，氧的含量为40%，硅的含量为20%，还有丰富的钙、铝、铁等。

对月球岩石的样品进行分析，发现月球上的岩石主要有三种类型。第一种是富含铁或钛的月海玄武岩。暗色的月海玄武岩主要由单斜辉石、基性斜长石和钛铁矿组成，有时含橄榄石和磷灰石，或微星硫铁和金属铁等物相。登月已取回的岩石中共发现20多种玄武岩的类型。根据氧化钛的含量可将月海玄武岩分为高钛、低钛和极低钛。这些玄武岩特点是富钛富铁，无含水矿物，氧逸度低，无三价铁出现，具有多样的细粒至粗粒结构。第二种是斜长岩，富含钾、稀土和磷的岩类等。斜长岩由95%的斜长石及少量低钙辉石组成，主要分布在月球高地。第三种是由大小为0.1～1毫米的岩屑颗粒组成的角砾岩，是撞击作月的产物。角砾岩可分为破碎状斜长岩、部分熔融的角砾岩、复矿碎屑角砾岩和深变质的喷出岩。

用光谱分析鉴别出月岩中含有地壳里的全部元素和60种左右的矿物，其中有 6 种矿物是地球上所没有的。难熔元素约占月球质量的 65%，富铁及难熔元素的残余液体凝结绢成 250 千米厚的月球外壳。在月球土壤中，氧占40%，它是推进剂和受控生态环境生命保障系统的供氧源；硅占 20%，导是制作太阳电池阵的原材料。其他元素的比例是，铝 6% ~ 8%、镁 3% ~ 7%、铁 5% ~ 11.3%、钙 8% ~ 10.3%、钛 5% ~ 6%、钠、钾、锰含量占千分之几，锆、钡、钪、铌含量为万分之几。科学家们把月球土壤样品加热到 2000摄氏度，发现有惰性气体从月壤中逸出，其中有氦、氩、氖、氙等放射性粒子。月球上还富含地球上少有的能源氦—3，它是核聚变反应堆的理想燃料。从月球岩石标本上还发现有一层很薄的无锈铁薄膜。起初科学家们推测，假如让这种铁处在地球条件下，定会立即氧化锈蚀，然而，经过试验的结果，这种铁不会被氧化，是通常所说的"纯铁"。纯铁对人类非常有用。据估计，在发达国家里，每年因金属腐蚀损失大约占国民经济收入的 1/10。如果能在月球上生产纯铁，运回地球上使用，不仅填补了一项空白，而且会获得很大的经济效益，无疑是对人类的一大贡献。

开采月球的天然矿藏是十分有吸引力的，在月球基地上将材料加工成最终产品，供空间和地面使用，预计是一项高效益的产业，其前景非常诱人。

能源是人类生存、发展面临的最严重的问题之一。未来解决能源不足的出路有二：一是太阳能，二是核能。月球取样标本化验和分析、氦—3 的发现，给月球研究和探测工作注入了新的兴奋剂，尤其受到了能源专家的重视。但是，月球氦—3 的形成和分布特征、贮量和应用，仍是月球科学研究中亟待解决的问题，只有通过大量的探测和重返月球野外实地考察，才能获得较为满意的回答。

月球的表面土壤，由岩石碎屑、粉末，角砾岩，玻璃珠组成，结构松散且相当软。月海区的土壤一般厚 4 ~ 5 米，高地的土壤较厚，但也不过 10 米左右。月球土壤的粒度变化范围很宽，大的几厘米，小的只有 1 毫米或数十微米，这些细土一般称为月尘。月球土壤中大部分是细小的角砾岩及玻璃珠，约占 70% 左右，小颗粒状玄武岩及辉长岩约占 13%。惰性气体在月球玄武岩和高地角砾岩中含量极低，大气中就更低，几乎为零。然而，月壤和角砾岩中亲气元素则相当丰富。这是由于太阳风的注入，太阳风实际上是太阳不断向外喷射出稳定的粒子流。1965 年"维那 3"号火箭对太阳风的化学组成进行了直接测定，结果表明，太阳风粒子主要由氢离子组成，其次是氦离子。由于外来物体对月球表面撞击，使月壤物质混合，在深达数十米范围内存在这些亲气元素。太阳离子注入物体暴露表面的深度，通常小于0.2微米。因此，这些元素在月壤最细颗粒中含量最高，大部分注入气体的粒子堆积粘合成月壤角砾岩或粘聚在玻璃珠的内部。

"阿波罗17"号拍摄的月球岩石

研究表明，月壤中氢的含量为$(1 \sim 63) / 10^7$，氦—3的含量为$(0.4 \sim 15) / 10^{10}$。氢大部分集中在小于50微米的富含钛铁矿的月壤中，估计整个月球可提供715000吨氦—3。人们为什么对氦—3感兴趣，因为氦—3是未来核聚变燃料的最佳选择。用氘和氦—3聚变生成氦，这种聚变反应是安全、干净、较易控制的核聚变。在地球上，天然气矿床中已知的氦—3资源只能维持一个500兆瓦规模发电厂数月的用量，而月壤中氦—3所能产生的电能，相当于1985年美国发电量的4万倍。考虑到月壤的开采、排气、同位素分离和运回地球的成本，氦—3能源偿还比估计可达250。这个偿还比和铀—235生产核燃料（偿还比约20）及地球上煤矿开采（偿还比约16）相比，是相当有利的。此外，从月壤中提取1吨氦—3，还可以得到约6300吨的氢、70吨的氮和1600吨碳。这些副产品对维持月球永久基地来说，也是必需的。

此外，还可在月球上建立核能源基地，将电能传输到静止轨道上的中继卫星，再传送到位于地球的接收站，然后再分配到各个地区，供用户使用。仅月球氦—3资源的开发利用这一点，就不难理解重返月球的深远意义。

科学家很早就开始了月球表土提取氧的方法研究。他们利用"阿波罗"飞船取回的月球沙土进行实验，在1000摄氏度的高温下，将月沙中的钛铁矿和氢接触生成水，再将水通过电解提取氧。研究表明，提取1吨氧，约需70吨的月球表土。考虑到在月球上生产的特殊情况，建议在月球基地建设的同时，应考虑配备一套小型的化学处理设备，利用太阳能作动力，每天大约可制备出100千克的液氧。具体流程是，利用月球岩石在高温下与甲烷发生反应，生成一氧化碳和氢。在温度较低的第二个反应器中，一氧化碳再与更多的氢发生反应，还原成甲烷和水；然后使水冷凝，再电解成氧和氢，把氧储存起来供使用，而氢则送入系统中再循环使用。据预测，月球制氧设备，最初是为给月面上的航天员提供氧气之用，但他们需要的氧气并不多，一个12人规模的基地，每月也只需要350千克氧气。而一套制氧设备连续工作后，可生产出相当数量的氧气。因此，在月球基地建设时，应同时建造一个永久性的液氧库，以便供给航天器作为低温推进剂燃料使用。

十分有意义的是，在制氧过程中，经过化学处理后得到的"矿渣"，却都成了上等的副产品。这是因为它含有丰富的游离硅和可供冶炼的金属氧化物，只要采用适当的工业方法便可继续冶炼，炼制出工业上极有使用价值的金属钛。科学家们提出的制钛工艺流程是，将"矿渣"通过机械粉碎、磁选，提取出钛氧化物，在1273摄氏度高温下加氢处理，生成氧化钛。再以硫酸置换出其中的铁，接着和碳混合，在700摄氏度的温度下通入氯气，经过化学反应后生成四氯化钛。然后在2000摄氏度高温下加热，投入镁以便脱氯，最终得到熔融态的钛。

铝的精制方法更为新颖。月面上的铝是由称之为斜长石的复杂结构所组成。科学家经过反复试验与研究，提出了一套炼铝的新工艺。具体做法是：将月岩粉碎，在1700摄氏度下加热熔化，然后在水中冷却至100℃，制成多质的球，再经粉碎，在其中加入100摄氏度的硫酸，即可浸出铝。用离心分离法和过滤法除去硅化物后，再将它在900摄氏度的温度下进行热解反应，得到氧化铝和硫酸钠的混化物。随后洗去硫酸钠并进行干燥，再与碳混合加热的同时，加入氯气与之进行反应，生成了氯化铝，经过电解，获得最终产品——纯铝。

建筑业离不开玻璃，因此在月面上生产玻璃显得尤为重要。通常的玻璃由71%～73%的氧化硅，12%～14%的硫酸钠，12%～14%的氧化钙组成。月球土壤中含有40%～50%的氧化硅，在月面上制造玻璃是以氧化硅为主。其精制方法较为简单，在月球土壤中根据需要加入各种微量添加物，用硫酸溶解出一些无用的成分之后，在1500～1700摄氏度的温度下熔化，然后经过压延冷却，即可制成月球玻璃。

最令人振奋的是，1998年1月6日发射上天的美国"月球勘探者"发回的数据表明，在月球的两极存在10亿~100亿吨水冰。由于月球表面的大气压不到地球大气压的一万亿分之一，在月球上阳光照射到的地方，月面的温度可以达到130~150摄氏度，这对于沸点远低于100摄氏度的月球液态水来说，很容易沸腾蒸发。而且月球的质量小、引力薄弱，无力束缚住水蒸气，致使气态水在月球逃逸殆尽，不留踪迹。

但是，月球的两极非常特殊。例如，月球的南极有一个直径2500千米、深13千米的艾物肯盆地，该盆地被认为是陨星坠落月面所致，里面黑暗幽深，终日不见阳光，温度始终保持在零下150摄氏度以下，因而成为固态的水——冰的藏身之地。

那么，月球上的水是从哪儿来的呢？科学家们认为，月球经常受到彗星的撞击，而彗星的含水量约为30%~80%，彗尾中水蒸气的含水量高达90%。这些外来的水分在月面受到阳光照射而蒸发，而一部分水蒸气在月球两极那些温度极低的盆地底部凝结起来。所以，这些冰不是集中在一起的，而是与尘土混合的冰碴。

水是由氢氧两种元素组成的，今后，人类在月球上建立基地所需要的水和氧气，就无需依靠地球供给，可以在月球就地采用。在月球基地开采月球的自然资源，把原料加工成空间使用的最终产品，是极其诱人的事业。

其次，月球上的引力只是地球引力的1/6，月球上的逃逸速度只及地球的1/5。所以，月球的低重力，无大气的环境，十分有利于航天器的发射。在月球上建立组装、维修、补给的人类航天基地，将成为人类飞往其他星球的中转站。月球航天基地会使星际飞行的难度和费用大大降低，人类进入宇宙的深度和广度将大大增加。

再次，月球没有大气包围，声波无法传递，在月球背面没有来自地球的无线电干扰。所以月球的这种无大气干扰、无声波和电波干扰的极其寂静的环境，是一个非常理想的稳定的科学实验平台。当然，月球的低重力、真空无菌的环境又是材料科学和医药学的研究和生产的理想场所。

将来，随着科学技术的进步，月—地旅行将会更加安全、舒适和低成本。那么，到月球旅游和移民就会成为现实。月球将是人类开发的"第六大洲"。

"火星探路者"对火星的探测

在太阳系的八大行星中，火星和地球在许多地方十分相似：火星自转一周是 24.66 小时，昼夜只比地球上的一天多 40 分钟；火星自转倾斜角也和地球相近，所以火星上也有春夏秋冬四季的气候变化；火星上还有大气层。

1877 年，意大利天文学家斯基帕雷用望远镜发现火星上有许多细长的暗线和暗区，他把暗线称为"水道"。有人干脆把"水道"翻译成英语的"运河"，暗区就成了"湖泊"。有运河就有智慧生命的大规模活动。于是，一个世纪以来，有关这颗红色星球上的火星人和火星生命的传说、猜测和探测不断出现。眼见为实，只有对火星进行逼近观测，才能彻底解开这些谜。20 世纪 50 年代后，人类就开始了利用航天技术探测火星的努力。

1957 年，苏联发射了第一颗人造地球卫星，使人们看到了摆脱地球引力和大气束缚登陆火星的希望。

1965 年 7 月 14 日，美国人发射的"水手 4"号从离火星不到 1 万千米的地方掠过，第一次对它进行了近距离考察，并拍摄了 21 张照片。"水手 4"号的考察结果表明，火星的大气密度不足地球的 1%。火星生命如果存在的话，生存环境看来要比地球上的艰难许多。

1969 年 2、3 月间，"水手 6"号和"水手 7"号向火星进发，从距火星 3200 千米处传回了 200 帧照片。照片的清晰度大大增加，但运河仍然不见踪影。为了彻底弄清火星的全貌，1971 年 11 月 13 日，"水手 9"号驶入了环火星轨道，成为第一颗环绕另一颗行星的人造天体。

然而就在"水手 9"号驶向火星的过程中，火星上发生了大规模的尘暴，这场持续了几个月的尘暴扼杀了随后赶到的两颗苏联火星探测器"火星 2"号和"火星 3"号。它们在 1971 年 11 月 27 日和 12 月 2 日投下的装置在工作了 20 秒之后就音信全无，仅仅传回了半张灰蒙蒙的照片。

"水手 9"号躲过了火星尘暴的灾难。1971 年 12 月，它传回来的第一幅火星照片就给持"运河说"的人以致命的一击：火星上根本不存在什么运河，人们看到的——如果他们真的看到了的话，只是火星风形成的沙粒带状条纹，就如同我们在沙漠里看到的一样。

令那些支持"火星生命说"的人松了一口气的是,"水手9"号在火星上发现了许多干涸的河床,其中有的长达1500千米,宽2130千米,这证明在火星上可能曾经存在过液态的水。只要有液态水,火星上的生命就有希望。

1976年7月和9月,"海盗1"号和"海盗2"号的探测器先后在火星着陆。在那里,它们确定了火星的大气成分,分析了火星土壤的样品,发布了火星上第一份气象报告,并探测到了火星的"地震"。"海盗"号着重研究了火星上的生命痕迹,得出的结论却并不清晰。最后美国国家科学院用标准的科学语言总结了这些实验:它减小了火星上存在生命的可能性。

1996年8月6日,美国宇航局宣称,科学家们从一块来自火星的陨石上发现了可证明火星上曾经存在生命的化学物质。部分专家认为,在这块来自火星、年龄40亿~45亿年的陨石ALH84001上,含有某些与生命现象有关的特殊化学物质。此举在全球引起了轩然大波,各国学者议论纷纷,各抒己见,连诺贝尔奖金获得者德迪韦也参加了这一世界性大辩论,他说:"仅仅是从一块被认为可能来自火星的陨石中发现有机物并不能证明火星上曾存在生命。"英国天文学家希尔甚至怀疑这块石头是否真的来自火星,他说:"只有当飞船在火星上着陆取回试样并发现生命的踪迹后,才能得出正确的结论。"我国科学家也参加了这一大讨论,并且意见不一。

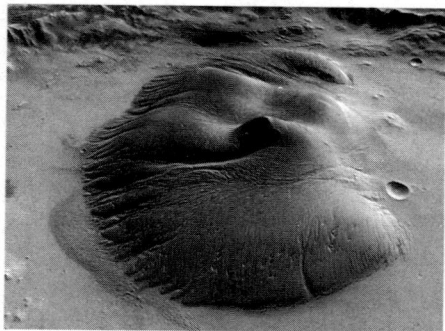

火星上尼克尔森陨石坑中央峰的透视图

1996年11月,美国发射"火星全球勘探者"飞船。"火星全球勘探者"在1997年9月进入火星轨道,这是人类成功地送入火星的第一个轨道器。

"火星全球勘探者"探测器将在环绕火星的轨道上飞行时勘探其地质特征,这也许能帮助人们找到ALH84001陨石的地理渊源。它需经过10个月的旅行抵达绕火星飞行的轨道,将绘制火星地形图、分析火星大气成分和记录火星大气变化的情况,完成1992年升空的"火星观察者"探测器未完成的任务。"火星观察者"探测器原定1993年8月24自到达火星轨道,但1993年8月21日突然与地面失去联系。

从"海盗"号登上火星之后，人类的火星探测已经不是去寻找"火星人"之类的高等生物了。

1996 年 12 月，美国发射"火星探路者"探测器。"探路者"号的 4 个主要目的是：了解地形特征，选好人类登临的着陆点，观测火星上的各种变迁，仔细探寻生命的痕迹。

1997 年 7 月 4 日，"火星探路者"经过 7 个月的旅行，行程 4.94 亿千米，终于来到火星，并成功地在火星上的阿瑞斯平原着陆。这是自"海盗"号以后，人类再次把航天器送入火星表面，也是美国宇航局跨世纪的一连串火星轨道和着陆探测计划的开始。

"探路者"号登陆的场面非常热闹，

"火星探路者"

而且从那样高的地方投下去，探测器受到的冲击力仅为 50 克，的确令人叹服。但大家应更多地关注火星车。这个 60 厘米×45 厘米×30 厘米的小家伙里包括 1 台计算机、70 个传感器、5 个激光测距仪和由 3 套摄像机组成的立体视镜系统，带有自动导航和前后轮独立转向系统，同时还有发动机、X 射线仪和其他分析仪器，其精巧程度可见一斑。它要迈上一定的坡度，跨过岩石和深沟，还要屏蔽火星土壤的强磁性干扰。在背向地球时，它必须有能力独立使用 X 光分析仪和测距仪。这一切的难度都非常高。而为达到这些要求所做的工作，都是在航天器预算削减了近 1/4 的情况下完成的。

"火星探路者"携带了一辆六轮小跑车，称为"漫游者"。"漫游者"在着陆器着陆后的第二天走下着陆器，开始对选定的目标进行研究。在以后的 90 天里，"火星探路者"共向人类发回了 1.6 万张照片。

从"火星探路者"发回的 1.6 万张照片中科学家发现，几十亿年前，火星的阿瑞斯平原曾发生过大洪水，而现在的火星可能与地球一样有晨雾，说明火星上有水，有水就可能有生命。而"漫游者"的研究结果，证实地球上的一块编号为"ALH84001"的陨星，可能来自火星，而美国航天局的科学家宣布，他们在这块陨星中发现了可能存在原始生命的证据。

1998 年春天，美国宇航局又提出一种载人火星飞行方案。首先要研制出一种能发射 89.5 吨有效载荷的运载火箭。用这种火箭将载人火星飞船和其他设备发射到地球低轨道上，从低轨道又上升到高轨道，然后再从高轨道飞往火星。从地球到低轨道的发射要进行三次。计划在 2011 年发射。载人火星飞船能乘坐 4 人，飞往火星时间 200 天，在火星上停留 580 天，返回地球时间 190 天，总飞行时间 970 天。

1999 年，美国火星学会与加州理工学院合作，提出一种更加安全的载人火星飞行方案。按照该方案，除了载人火星飞船以外，还要设计一种火星上升飞行器（MAV），用于将人员从火星表面发射到火星轨道上；一种返回地球飞行器（ERV），用于将人员从火星轨道送回地球；一个火星表面居住舱，供火星探险队在火星表面生活和工作。火星飞船能乘坐 5 人，飞往火星时间 134 天，在火星表面停留时间 570 天，返回地球时间 146 天，总飞行时间 850 天。计划于 2011 年开始实施。

2000 年 12 月，俄罗斯提出"火星载人轨道站"计划。所谓"火星载人轨道站"实际上就是一艘巨型载人火星飞船，重 400 吨，用俄罗斯的重型火箭将结构件发射到地球低轨道上，一共发射 4 次，在低轨道上组装起来。飞船乘坐 6 人，长 600 米，最大直径 6 米，到达火星表面的重量仅有 35 吨。飞船飞往火星时间 415 天，在火星表面停留时间 30 天，返回地球时间 285 天，总飞行时间 730 天。计划于 2017 年发射。

火星探测是我国首次开展的地外行星空间环境探测活动。2007 年 4 月，中、俄两国总理举行会晤，签署了火星探测项目合作相关文件。按照任务分工，中国火星探测器由上海航天局负责总研制。

···➤ 知识点

火星的大气层

与地球外层笼罩着大气层一样，在火星的周围也笼罩着大气层。火星大气层的主要成分是二氧化碳，其次是氮、氩，此外还有少量的氧和水蒸气。

火星大气的密度很低，还不到地球大气密度的百分之一，表面大气压约500～700毫帕。最近研究人员发现，在火星大气层中存在甲烷气体，研究人员怀疑甲烷是来自火星上的微生物，由此开始了火星上有无生命存在的考证。

"麦哲伦"号对金星的探测

最早探索金星的是苏联的"金星1"号，这是人类历史上发射的第一艘金星探测飞船，于1961年2月12日升空，但并不成功。

首度成功观测金星的是美国的"水手2"号，于1962年8月27日升空，同年12月14日，通过了距离金星34830千米的地方探测金星。

首次在金星大气中直接测量的是苏联的"金星4"号，于1967年10月18日，打开降落伞，降落于金星大气中。

首次软着陆成功的是苏联的"金星7"号，它于1970年12月15日，降落于金星表面，送回各种观测资料。

苏联从1961年开始，直至1983年，共发射飞船16艘，除少数几艘失败外，大多数都按原计划发回不少重要资料。

美国在1962年发射"水手2"号以后，又在1978年5月20日和8月8日先后发射"先驱者金星1"号和2号，其中"先驱者金星2"号的探测器软着陆成功。至此，美国也先后有6个探测金星的飞船上天。

金星的天空是橙黄色的。金星的高空有着巨大的圆顶状的云，它们离金星地面48千米以上，这些浓云悬挂在空中反射着太阳光。这些橙黄色的云是什么呢？原来竟是具有强烈腐蚀作用的浓硫酸雾，厚度有20～30千米。因此，金星上若也下雨的话，下的便全是硫酸雨，恐怕也没有几种动植物能经得住酸雨的洗礼。金星是个不毛之地。

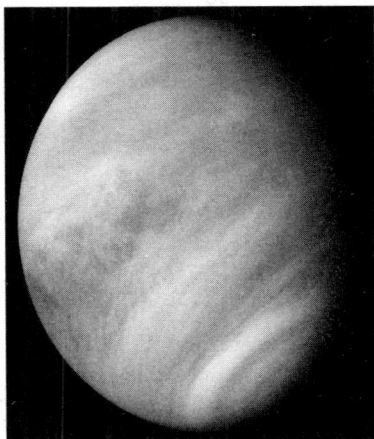

浓云覆盖下的金星

金星的大气又厚又重。金星的大气不仅有可怕的硫酸，还有惊人的压力。我们地球的大气层只有一个大气压左右，在金星的固定表面，大气压是95个大气压，几乎是地球大气的100倍，相当于地球海洋深处1000米的水压。人的身体是承受不起这么大的压力的，肯定在一瞬间被压扁。

金星的大气中主要是二氧化碳。二氧化碳占了气体总量的96%，而氧气仅占0.4%，这与地球上大气的结构刚好相反，金星的二氧化碳比地球上的二氧化碳多出1万倍，人在金星上会喘不过气来，一准会被闷死。这里常常电闪雷鸣，几乎每时每刻都有雷电发生，让你掩耳抱头，避之不及。

金星是真正的"火炉"。地球上40摄氏度的高温已经让人受不了，但金星表面的温度高得吓人，竟然高达460摄氏度，足以把动植物烤焦，而且在黑夜并不冰冻，夜间的岩石也像通了电的电炉丝发出暗红色光。金星怎么会有这么恐怖的高温呢？这也是二氧化碳的"功劳"。白天，在强烈阳光照射下，金星地表很热，二氧化碳具有温室效应，就是说大气吸收的太阳能一旦变成了热能，便跑不出金星大气，而被大气挡了回来，二氧化碳活像厚厚的"被子"，把金星捂得严密不透风，酷热异常。再加上金星的一个白天相当于地球上58天半，吸收的热量更是越聚越多，热量只进不出，从而达到了460摄氏度的高温，比最靠近太阳的水星白昼的温度还要高（水星约430摄氏度）。

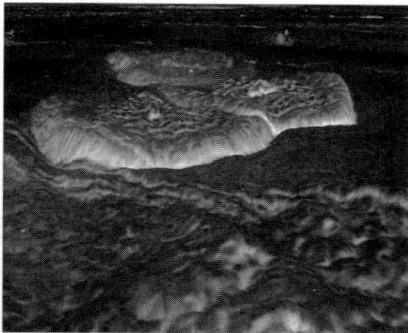

金星上直径达25千米的巨大圆盖

温室效应使金星昼夜几乎没有温差，冬夏没有季节变化。因而金星上无四季之分。

金星上如此恶劣的环境，是以前的人们不曾想到过的，这位曾经是地球"孪生姐妹"的金星，一旦面纱撩开，即刻让人们对金星上存在生命的幻想破灭了。

金星有很少量的水，仅为地球上水的十万分之一。这些水分布在哪里呢？由"金星13"号和"金星14"号探测表明，在硫酸雾的低层，水汽含量比较大，为0.02%，而在金星表面大气里有0.02%。金星表面找不到一滴水，整个金星表面就是一个特大的沙漠，在每日的大风中尘沙铺天盖地，到处昏昏沉沉。

金星地表与地球有几分相似。金星因为有大气保护，环形山没有水星、月球那么多，地球相对比较平坦，但是有高山。山的高度的最大落差与地球相似，也有高大的火山，延伸范围广达30万平方千米。大部分金星表面看起来像地球陆地。不过，地球陆地只有3/10，其余7/10为广大海面。金星陆地占5/6，剩下的1/6是小块无水的低地。至今金星表面还没有水。

金星自转是卫星中最独特的。自转与公转方向相反，是逆向自转。换句话说，从金星上看太阳，太阳是从西方升起，在东方落下。

金星逆向自转，是科学家用雷达探测金星表面根据反射器回来的雷达波发现的，还知道金星自转非常缓慢。每243天自转一周，如果我们在金星上观看星星，每过243天，才能在天空看到同一幅恒星图景，如我们以太阳为基准测量金星自转周期，仅仅是116.8个地球日。因为，在这段时间，金星沿公转轨道前进了很大一段距离，在这243天中，可以看到两次日出和日落。所以，一个金星日是116.8个地球日。金星上的一天等于地球上116天多。

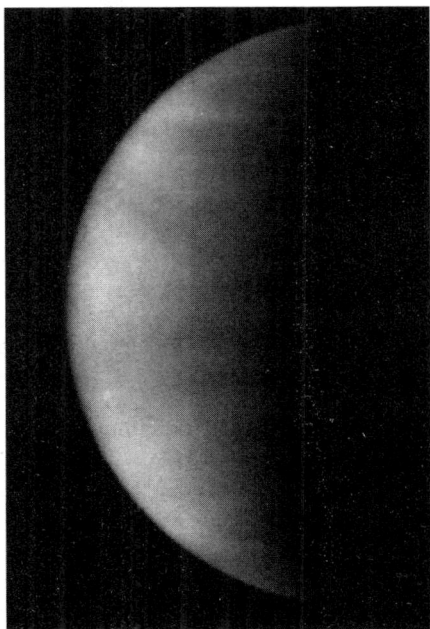

"哈勃"太空望远镜拍摄的金星紫外光照片

为了在探测金星方面取得更大的成就，美国宇航局决定要利用其在雷达探测技术方面的先进设备，透过金星浓密的云层，详细勘察金星的全貌和地质构造。1989年5月4日，"亚特兰蒂斯"号航天飞机将"麦哲伦"号金星探测器带上太空，并于第二天把它送入金星的航程。"麦哲伦"号金星探测器重量达3365千克，造价达4.13亿美元。后来的事实说明，"麦哲伦"号是迄今最先进最为成功的金星探测器。"麦哲伦"号装有一套先进的电视摄像雷达系统，可透过厚厚的云层测绘出金星表面上小如足球场的物体图像，其清晰度胜过迄今所获金星图像的10倍！它装载的高分辨率综合孔径雷达，其发射、接收天线与著名的"旅行者"号探测器定向天线相似，也是 3.65 米直径的抛物面形天线，但其性能比前者提高了许多，它在金星赤道附近 250 千米高空时，分辨率也可达到 270 米。"麦哲伦"的中心任务是对金星作地质学和地球物理学探测研究，通过先进的雷达探测技术，研究金星是否具有与河床和海洋构造，因苏联有科学家推测，大约 40 亿年前金星上有过汪洋大海。

"麦哲伦"经过 15 个月的航行，于 1990 年 8 月 10 日点燃反向制动火箭，使其速度由每小时 3.96 万千米减至 2.79 万千米，进入围绕金星的轨道。"麦哲伦"探测器运行中沿金星子午线绕一圈约需要 189 分钟，扫描宽度为 20 ~ 25 千米；从北极区域到南纬 60 度计划进行 37 分钟的观测，行程约 1.5 万千米。8 月 16 日"麦哲伦"发回第一批进行照片。

"麦哲伦"拍摄到金星上一个 40 千米 ×80 千米大的熔岩平原，雷达的测绘图像非常清晰，可以清楚地辨认出火山熔岩流、火山口、高山、活火山、地壳断层、峡谷和岩石坑。金星火山数以千计，火山周围常有因陨石撞击而形成的沉积物，像白色花朵。"麦哲伦"发现金星上的尘土细微而轻盈，较易于被吹动，探测表明金星表面确实是有风的，很可能像"季风"那样，时刮时停，有时还会发生大风暴。金星表面温度高达 280 ~ 540 摄氏度。它没有天然卫星，没有水滴，其磁场强度也很小，大气主要以二氧化碳为主，一句话，它不适宜生命存活。它的表面 70% 左右是极为古老的玄武岩平原，20% 是低洼地，高原大约占了金星表面的 10%，金星上最高的山是麦克斯韦火山，高达 12000 米。在金星赤道附近面积达 2.5 万平方千米的平原上，有 3 个直径为 37 ~ 48 千米的火山口。金星上环绕山极不规则，总共约有 900 个，而且痕迹都非常年轻。

"麦哲伦"拍摄了金星绝大部分地区的雷达图像，它的许多图像与苏联"金星 15"号和"金星 16"号探测器所摄雷达照片经常可以重合拼接起来，使判读专家得以相互印证，从而使得人们对金星有进一步的了解。"麦哲伦"号从 1990 年 8 月 10 日至 1994 年 12 月 12 日一直围绕金星进行探测，最后在金星大气中焚毁。1990 年 2 月飞往木星的"伽利略"号探测器途径金星，成功地拍摄金星的紫外，红外波段的图像，照片上显示金星大气顶部的硫酸云雾透过紫外光非常突出。

虽说金星空间探测硕果累累，但仍然有许多待解之谜。譬如说，金星上确曾有过海吗？金星上的温室效应是在什么时候、怎样发生的？目前金星表面是经过大规模的火山活动而重新形成的吗？金星大气的精确化学成分是什么？等等。

"卡西尼"号对土星的探测

土星有一个美丽的光环，这使得它在太阳系中十分引人注目。土星的大气成分复杂，赤道附近的风速超过 500 米/秒。土星有 20 多颗天然卫星，人们最感兴趣的是土卫六，它是土星最大的一颗卫星，还有一个名字叫"泰坦"（希腊神话中的大力神）。"泰坦"的引人注意之处不仅因为它的个头大，更重要的是它是太阳系中除了地球之外唯一具有稠密氮气大气层的天体。科学家猜测，"泰坦"上有海洋，海洋中含有有机物质，和原始的地球十分相似。如果能探测到"泰坦"上存在合成大分子有机物，就可以推测地球生命的诞生过程。

人类探测土星的使命，交给了"卡西尼"号土星探测器。1997 年 10 月 15 日，美国成功发射了"卡西尼"号大型行星探测器，这是 20 世纪人类耗资最大的空间计划之一。

由于土星距离地球非常遥远，有 8.2～10.2 天文单位（1 个天文单位约合 1.5 亿千米），所以，即使使用当时推力最大的火箭，也无法把质量为 6.4 吨的"卡西尼"号加速到直飞土星的速度。

于是，科学家巧妙地为"卡西尼"号设计了借助金星、地球和木星之间的引力，接力加速奔向土星的旅程。这样一来，"卡西尼"号的行程将增加到 32 亿千米，历时 7 年。1998 年 4 月，"卡西尼"号绕过金星，在金星引力的作用下，加速并改变方向；1999 年 6 月，它再次飞过金星，利用金星引力进一步加速，向地球奔来；1999 年 8 月，"卡西尼"号掠过地球，借助地球引力加速飞向木星；2001 年 1 月，"卡西尼"号从木星那里进行最后一次借力加速后，直奔土星。两次金星借力，一次地球借力，一次木星借力，这样的飞行轨道安排就是著名的"VVEJ 飞行"，这里的"V"、"E"、"J"分别是金星、地球、木星英文单词的首写字母。"VVEJ 飞行"可以使"卡西尼"号的土星之旅节省 77 吨燃料，这相当于"卡西尼"号总质量的 10 倍。

1997 年 10 月 15 日，美国肯尼迪航天中心，探测器"卡西尼"号由"大力神 – 4B"火箭托举，呼啸着向太空飞去，开始了历时 7 年、行程 35 亿千米的土星之旅。

在此之前，"先驱者 11"号和"旅行者 1"号和"2"号曾于 20 世纪 70 年代和 80 年代在土星附近飞过，它们拍到了土星表面及土星环的情况。"哈勃"望远镜也提供过出色的土星图像。但它们都只是浮光掠影，对土星没有细致地进行考察，更未能揭示出人们最感兴趣的土星卫星 6 云层下的世界。因此，美国宇航局与欧空局和意大利航天局联手，研制了这艘迄今最大、最先进的行星际探测器，并且将之命名为"卡西尼"号，以纪念发现了土星环之间最宽黑缝的天文学家卡西尼。

"卡西尼"号抵达土星

"卡西尼"号高约 2 层楼，直径约 2.7 米，总重 6 吨，比昔日辉煌的"旅行者"号探测器重 2~3 倍。它由轨道器和"惠更斯"子探测器组成，上面共有 18 台科学仪器，其中轨道器上 12 台，子探测器上 6 台。这些仪器包括可提供 50 万张土星、土星环及土星卫星照片的照相设备，可透过土星卫星 6 大气层的扫描雷达，监视土星大气和土星风的监测器，以及磁场探测器和宇宙尘埃探测器等。

2004 年 7 月，"卡西尼"号抵达土星轨道后，轨道器将环绕土星考察 4 年，总共将飞行 74 圈，并有 45 次飞近土星卫星 6。而几个月后"惠更斯"探测器从轨道器分离出去，进入土星卫星 6 进行探测。"惠更斯"子探测器是一个直径 2.7 米的碟形物体，质量为 343 千克，它利用降落伞在土星卫星 6 表面着陆。在 2.5 小时的降落过

"卡西尼"无人驾驶太空船在土星环外侧几乎与其在同一平面时拍摄的图像

程中，将用所带仪器分析土星卫星 6 大气成分，测量风速和探测大气层内的悬浮粒子，并在着陆后维持工作状态 1 小时。所搜集到的数据及拍摄的图片将通过"卡西尼"轨道器传送回地球。

由于路途迢迢，"卡西尼"探测器携带的主燃料罐装有 3000 千克的燃料，以满足两台二元推进主发动机的需要，另有 142 千克的燃料供给 16 个小型反作用力推进器。这些小推进器用于控制航天器的飞行方向和微调飞行路线。另外，"卡西尼"号需考察土星 4 年，为了保证各种科学仪器的能量供给，"卡西尼"号上还载有 32.7 千克的钚－238 核燃料，是迄今携带核燃料最多的航天器。因为钚－238 具有高放射性，许多科学家曾担心一旦发射失败，它会对地面造成严重的核污染。

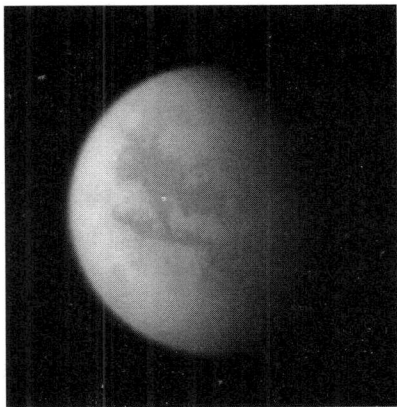

"卡西尼"号宇宙飞船飞过
"泰坦"时拍摄的

"卡西尼"号土星探测器二实现了环绕土星运行轨道飞行的计划，并发回了一组关于土卫 6 "泰坦"号的最新、最清晰的照片。科学家们对此进行了研究。

科学家们发现，除了一片特别炫目的云外，"泰坦"号的天空几乎没有一丝云的痕迹。这片特别炫目的云面积跟美国的亚利桑那州大小差不多，位于"泰坦"号的南极，在土星的夏季，这里一天都可以得到光线的照射。这块罕见的云需要四五个小时才能形成，类似于地球上夏季出现的堆积云。但"泰坦"号上的云层主要由甲烷组成，而不是主要水组成。

"卡西尼"号探测器还通过分光计拍到了"泰坦"号的一些照片，分光计的波长从可见到红外线光不等。照片显示，土星卫星 6 表面到处分布着冰块和碳氢化合物。

科学家们还发现，位于土星光环之间的"卡西尼缝"充满了灰尘，这是迄今所发现的土星的最外层光环。就是这层光环，每秒可引发 680 次土星物质间的碰撞，也就是说，每秒可给土星留下 10 万个左右的大小土坑。

·•➡ **知识点**

土星光环

土星的外表犹如一顶草帽，在圆球形的星体周围有一圈很宽的"帽檐"，那就是土星光环，又称土星环。土星光环由无数形状、大小不等，直径在 7.6 厘米~9 米的冰块组成。土星光环以很快的速度围绕土星运转，在太阳光的照耀下呈现出各种颜色，其直径可达 27 万千米，厚度为 10 千米左右。根据地面观测和空间探测，把土星环划分为 7 层。距土星最近的是 D 环，亮度最暗；其次是 C 环，透明度最高；B 环最亮；最后是 A 环。在 A 环之外有 E、F、G 三个环，最外层的是 E 环，十分稀薄和宽广。

"伽利略"号对木星的探测

木星是太阳系中最大的一颗行星，其质量相当于地球的 317 倍，其体积为地球的 1316 倍。木星自转一周仅需 10 小时，而环绕太阳公转一周大约需要 12 年，数百年来人类一直关注着木星，长期的观测使人们对木星有了一些初步了解：如木星是个椭球体，其表面有与赤道平行的或明或暗的条纹，没有高山和陆地，只是液态氢的"海洋"；环绕木星有光环，但远不如土星那样美丽；在木星周围有 4 颗大的卫星等等。尽管如此，还是有许多疑点得不到解答，如云为什么是黄色的？木星大气层的成分是什么？木星雷电的成因是否与地球雷电的成因相同？作为行星的木星为什么会从其内部发出能量？著名的木星大红斑的本质是什么？为什么木星卫星 1 有那么活跃的火山爆发？

为了使人类进一步了解木星，近几十年来人类已向木星发射了"先驱者10"号（1973 年）、"先驱者 11"号（1974 年）、"旅行者 1"号和"旅行者2"号（1979 年）共 4 颗航天器。它们从木星周围飞过，考察了木星和它的卫星，发回了许多宝贵的图像和测量资料。但由于木星大气层的掩盖，有关它的许多问题仍是个谜。要想回答这些问题，必须进入木星大气层内进行探测。为了对木星有更深入的了解，获得更丰富的资料，美国宇航局（NASA）研制了更先进的"伽利略"探测器，它由轨道飞行器和木星大气探测器两大部分组成。

　　耗费 13.5 亿美元的"伽利略"号探测器计划开始于 1977 年，经过 12 年的开发研制，终于在 1989 年 10 月由"亚特兰蒂斯"号航天飞机将"伽利略"号探测器送入太空。"伽利略"号探测器在到达木星前对其他星球进行了大量的探测活动。包括对地球和月球的大量探测。按原计划，该探测器将直接飞往木星，行程只需两年，后来因故改变了计划。"伽利略"号探测器离开地球后，首先向太阳飞去，1990 年与金星相遇，被加速后沿更大的绕日轨道飞行，同年 12 月首次飞过地球，受地球重力影响，其飞行速度增加到 14 万千米/小时以上。在这期间，"伽利略"号探测器拍摄了金星、地球、月球的图像。在随后飞往木星的途中，于 1991 年 10 月和 1993 年 8 月分别从 95 号小行星"伽斯帕拉"和 243 号小行星"艾达"附近飞过，距离"伽斯帕拉"星是 1800 千米，距离"艾达"星是 2400 千米，首次取得小行星的特写图像，并发现小行星"艾达"也有自己的卫星。1994 年 7 月，"伽利略"号探测器直接观测了"苏梅克—列维 9"号彗星撞击木星的情况，并把它记录了下来。1995 年 1 月，"伽利略"号探测器发回了完整的"苏梅克—列维 9"号彗星的观测图像，其中包括 W 碎片冲击的部分时序图像，这一冲击持续了 26 秒。地面工作人员还收到了从光偏振辐射仪、红外测试仪、紫外测试仪得到的 R 碎片冲击数据，并对此加以了分析。

由航天飞机组装中的
"伽利略"号探测飞船

　　"伽利略"号探测器在经过大约 36 亿千米和长达 6 年多的空间旅行后，于 1995 年 7 月到达木星轨道，随后释放的木星大气探测器以预定的角度进入木星大气层，顺利完成了飞向木星的艰难任务，同时，轨道飞行器开始了对木星为期两年的探测活动。

　　"伽利略"号探测器向木星发射的木星大气探测器重 339 千克，于 1995 年 12 月 7 日飞进环境恶劣、飞速旋转的木星大气层，执行一次有去无回的探测任务，首次实现了人类对外太阳系大行星的实地大气测量。木星大气探测器以高于每小时 170000 千米的速度冲入木星大气层，减速克力相当于地球重力强度的 230 倍。在减速过程中，一个热防护罩保护了探测器的科学仪器，其后，一个巨大的降落伞打开以保障探测器缓慢而受控下降。虽然大气探测器在木星云端下方 130～160 千米运行，但仅能探测到木星大气层上部很小一部分。该探测器的任务是探测稀薄而炽热的大气层的 1/5。在木星大气层更深处，温度和压力变化太大，影响仪器的正常工作。在 130 千米的深处，大气压力超过地球压力的 20 倍，尽管仪器设计得很先进，但不得不向恶劣环境屈

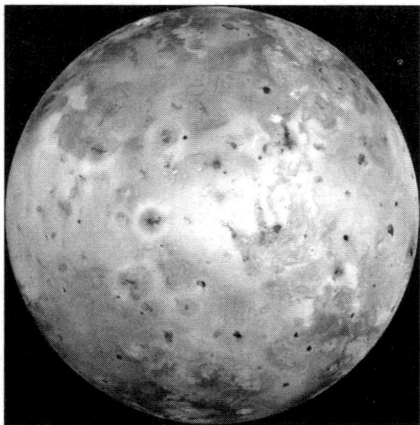

"伽利略"号宇宙飞船发回的木卫 1

服。美国宇航局证实，该探测器在向木星大气层内下降约 640 千米，在被 20 倍于地球大气压力的木星大气压力摧毁之前，向地球传送了大约 57 分钟的数据（比预计的时间缩短了 18 分钟）。首先它把获得的数据传送到位于其上方 20 多万千米的轨道飞行器上储存，然后传送回地球。与此同时，轨道飞行器已进入环绕木星的椭圆轨道。

美国宇航局的科学家们在 1995 年 12 月 10 日收到"伽利略"号轨道飞行器从 37 亿千米以外的太空发回的第一批木星数据，使人类第一次有机会看到庞大的木星的特写照片。科学家们根据发回的数据首次测定这颗巨大星球的大气层特性，如大气构成、气候和大气形式等。"伽利略"号轨道飞行器第一次向地球发回总共 57 分钟的探测数据，这些数据的传输一直持续到 1995 年 12 月 13 日。57 分钟的数据，地面接收站直到 1996 年 2 月才全部收回。

经过对"伽利略"号轨道飞行器发回的最初数据进行的初步分析表明，木星大气结构与过去科学家们预想的有很大不同，它已经提供了一系列新的发现，这些最初的发现正在促使科学家们重新考虑他们的木星形成理论和行星演变过程的特性。这些新发现包括：

（1）探测器经过的木星大气层区域比预想的要干燥，与 1979 年从木星飞过的"旅行者"号航天器发回的数据所作的推测相比，水含量要少得多。

（2）探测器的仪器发现，虽然个别雷电的能量比地球上类似的雷电能量大10倍，但总的来说，在木星上的雷电量是地球上同样大小区域发生雷电量的1/10。

（3）探测器对木星南端的大气层进行了探测，并未发现多数研究者一直认定的三层云结构，而仅仅是有一个特殊的云层（按地球的标准说就是稀薄的云层）被观察到。该云层可能是含氨和硫化氢的云层。过去曾推测它由三个云层组成，上层是氨晶体层、中层是氨和硫化氢层、下层是水和冰的晶体组成的薄层。

"伽利略"号飞船向木星释放
一个探测器

（4）最有意义的是，在木星大气层中氦和氢的含量比例已和太阳相当，这说明，自木星数十亿年前形成以来，基本成分没有改变。在行星演化理论中，氦与氢质量之比是一个关键要素。对太阳而言，氦值约为25%，对探测器氦含量监测仪得到的结果进行的更全面的分析，已经把木星的这一数值提高到24%。"伽利略"号探测器项目科学家里查德·扬说，被改变的氦含量意味着，重力引起的朝向内部的氦沉积并不像在土星上发生的那样快。对土星氦氢质量比的估计值为6%，于是可以确定，木星的温度比土星的温度要高得多。

（5）木星大气探测器在穿过稠密的木星大气层时探测到极强的风和强烈的湍流，木星风的位置始终比探测到的云层要低得多。这就为科学家们提供了证据，说明驱动木星大量的有特色的环流现象的能源可能来自这颗行星内部释放的热流，而不是像过去预想的是照射木星上层大气的阳光，或者是位于木星大气层中部的水蒸气引起的化学反应产生的热能。据科学家分析，在木星上，天气的影响范围也许不上在木星表面，在热力驱动下，风从这颗行星的云端一直刮到它充满气体、翻滚搅动的表面下16000千米处。木星风即使在云层下161千米处（这是探测器所能探测的最深处）速度也超过每小时644千米。

（6）探测器还发现了一个新的强辐射带，大约在木星云层上方5万多千

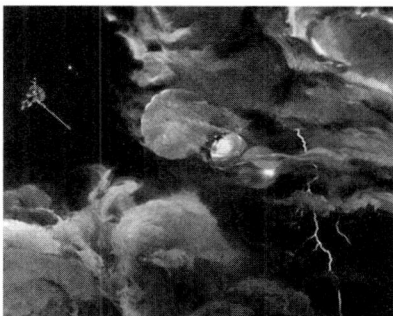

米没有雷电的地方。在探测器高速进入木星大气层阶段，对大气层上部进行的测量结果显示，大气密度比期望的要大，相应的温度也比预先估计的要高。

"伽利略"号轨道飞行器于 1997 年 12 月 7 日向地球发回最后的信号，然后飞进木星大气层烧毁，而"伽利略"号探测器也于 2003 年 9 月按程序坠毁在木星。

美国宇航局最近宣布，将于 2011 年 8 月发射一个新的木星探测器"朱诺"，来展开对木星的深入探测。

预计到 2016 年，"朱诺"将飞抵绕木星运行的轨道上。它每年大约可绕木星运转 32 圈，通过它的探测，科学家希望了解木星这颗巨行星的形成、进化和结构等。

知识点

木星的卫星

木星已确认的卫星有 13 个。其中木卫 1、木卫 2、木卫 3、木卫 4 是意大利天文学家伽利略在 1610 年用自制的望远镜发现的，这四个卫星后被称为伽利略卫星。木星的 13 个卫星分成三群。其中最靠近木星的一群——木卫五和四个伽利略卫星的轨道偏心率都非常小，轨道面和木星赤道面的交角也都很小，它们都在木星的赤道面上沿圆形轨道运动属于规则卫星。其他卫星属于不规则卫星，但又可分为两群。离木星稍远的一群卫星为一群，有木卫 13、木卫 6、木卫 10、木卫 7。离木星最远的一群有：木卫 12、木卫 11、木卫 8、木卫 9。

对彗星的研究和探测

太阳系里的彗星，大部分在远离太阳的极其寒冷的地方出没。彗星上保存着太阳系形成早期的最原始的物质，可是，彗星究竟是由什么物质组成的，我们对此只有猜测而不能定论。

由于有着与众不同的奇特外形，彗星自古以来吸引着天文学家和公众的注意。从古人对彗星的极度恐惧，到 300 多年前天文学家正确认识彗星的本质，直至 2005 年人类用空间探测器首次对彗星主动实施撞击，经历了几千年的漫长时光，其间许多科学家，甚至天文爱好者和普通人为之付出了辛勤的劳动，体现了人类智慧的力量和坚持不懈追求真理的科学精神。

展开的"星尘"号探测器

古人因缺乏科学常识，对于彗星为什么会偶尔出现，形状又如此奇特且变化无常，可谓是一无所知，于是，常把彗星看成是神秘可怕的天象和不祥之物，甚至认为彗星乃天神派来之使者，是灾难来临之先兆，并因此而恐慌不已。

在西方，著名学者亚里士多德曾认为，彗星不是天体，而只是一种大气现象。这种观念曾在欧洲长期流行。也许正是受这种错误观点的影响，长时间内欧洲人对彗星的位置和运动状况没有留下任何有价值的记载。1577 年出现了一颗大彗星，丹麦天文学家第谷首次试图通过实测的方法来确定它与地球之间的距离，这可算是对彗星进行科学探索的尝试。由于观测条件的限制，第谷没能测出彗星的距离，但他已正确判断出彗星在空间运动，并断言它离地球的距离至少比月球远 6 倍，而且它应该是一种天体，而不可能是大气现象，更不是什么怪物。嗣后，德国天文学家开普勒经过长期的观测和研究，同样认定彗星不是大气现象。当时一些天文学家推测，彗星的运动轨道有可能是封闭的，因而同一颗彗星可能多次运动到地球附近而为人们所看到。从此，欧洲人开始注意测定彗星的精确位置。

1680 年有一颗彗星出现，当时万有引力定律已经问世。牛顿根据观测资料，正确算出了彗星绕太阳运动的轨道。1682 年又出现了一颗彗星，英国天文学家哈雷与牛顿合作，对彗星轨道进行了计算。哈雷可算是第一个全力从事彗星轨道计算的天文学家，他根据史书记载的观测资料，计算了 1337 年到 1698 年间所观测到的 24 颗彗星的轨道，并把这些轨道进行仔细的比较。哈雷发现，1682 年出现的彗星的轨道与 1531 年和 1607 年彗星的轨道非常相似，于是他大胆推断，这三次彗星的出现是同一颗彗星的三次回归，回归周期为75～76年，由此他预言，该彗星将在1758年底或1759年初再度出现。哈雷未能亲眼验证他的预言就与世长辞了。1758年圣诞之夜，这颗彗星果然如期而至，使哈雷的科学预言得到了证实。为了纪念哈雷，这颗彗星被命名为哈雷彗星。哈雷彗星周期性回归的确认，充分说明了彗星是太阳系内天体，它们绕太阳公转，可以根据万有引力定律预报它们回归的日期、亮度和位置。当1835年哈雷彗星再次出现时，人们已是怀着好奇心，而不是恐惧心理争相观看这颗大彗星了。

哈雷彗星最近一次回归是在1986年，遗憾的是，彗星在远离地球的地方度过了它最光辉的时刻，而当4月10日到达近地点时却已经很暗了，令业余爱好者们大失所望。不过专业观测并没有因此而有所懈怠，天文学家动用了各种地面观测设备，并且首次发射专用的乔托号探测器对彗星进行了近距离观测，取得不少重要的研究成果。哈雷彗星将在2061年再度回归，到那时人类的科学技术必将大大超过目前的水平，也许届时宇航员和科学家们将搭乘飞船对彗星作实地考察。

彗尾密度极低，只有地面大气密度的十亿亿分之一。彗星的运动情况与行星大不一样，绝大部分彗星的运动轨道都是很扁的椭圆，或者是接近抛物线的双曲线。沿椭圆轨道运行的彗星每经过一段时间会再度来到地球附近而为人们所观测到，这就是周期彗星，其中周期长于200年的称为长周期彗星，周期最长的可达上万年；短于200年的是短周期彗星。沿双曲线轨道运行的彗星只是一些来去匆匆的过客，即使能经过地球附近，人们也只能观测到一次。

关于彗星的起源，比较流行的说法是由荷兰天文学家奥尔特于1950年代提出的原云假说。这种假说认为，距太阳10万天文单位处有一个"彗星仓库"，即彗星云，其中约有1000亿颗彗星。由于受到某种外力（比如太阳系附近一颗恒星的引力）的扰动，彗星云内的部分彗星改变了运行轨道，并经过几百万年时间到达太阳系内部。这些彗星由于受到大行星（特别是木星）的引力扰动成为短周期彗星，当它们来到地球附近时就为人们所看到。另一种看法认为，在海王星轨道外还存在着另一个彗星带，称为柯伊伯带（Kuiper Belt）。目前已经发现了几百个柯伊伯带天体，但这些天体是否就是彗星尚有争议。

彗星是在太阳系的外围部分诞生的。根据开普勒定律，彗星离太阳越远，运动速度越慢，因此周期彗星的绝大部分生涯是在远离太阳的漫漫太空中度过的。由于那里的温度极低，因此，太阳系形成之初的物质的原始状态可以在彗星中长久保存。另一方面，生命起源的外源说认为，形成生命所需的许多复杂有机分子早已存在于星际空间或行星际空间，它们附着在太阳系内的小天体（如小行星、彗星或流星体）上，这些小天体或它们的碎片和微粒经常会闯入地球，从而为地球带来形成原始生命所需要的胚种——有机化合物。

鉴于上述原因，1980年代以来彗星研究便成为空间探测的一个重要方面。1973年5月4日，美国发射了空间站"天空实验室"，站上的宇航员对科胡特克彗星进行了成功的观测。1985～1986年哈雷彗星回归，美国等国家共发射了六个探测器对它进行近距离探测，其中欧洲空间局发射的"乔托"号探测器于1985年7月2日发射，次年3月到达距哈雷彗星彗核500千米位置上，获得了大量珍贵的观测资料。美国宇航局在1998年10月24日发射的"深空1"号探测了博雷利短周期彗星，1999年2月7日升空的"星尘"号飞船于2004年1月到达"怀尔德2"号彗星，用于收集彗星的尘埃，并发回了72张高清晰度照片。令人遗憾的是，2002年7月3日发射的彗核旅行探测器升空不久即失去了联系，价值6000万美元的设备就此一去不归。欧洲空间局于2004年3月2日发射的"罗塞塔"探测器将于2014年到达67P/C-G彗星附近，成为该彗星的人造卫星，对其作近距离考察，并将在同年11月释放"菲莱"登陆舱登陆彗星表面，用钻头深入彗核内部，以采集不同深度的物质样品。

由于周期彗星多次回归太阳后，彗星表面只剩下不易挥发的物质，所以，目前的彗核表面物质不能完全代表太阳系的原初物质，只有内部深处的物质才可能保留了太阳系形成之初的原始形态和原初组成，因此，必须深入到彗核的内部，这就是对彗星实施深度撞击的科学理由。

此次被美国宇航局作为撞击目标的"坦普尔1"号彗星是在1867年4月3日由法国天文学家坦普尔首先发现的。该彗星的运动周期为5.74年，彗核外形不规则，尺度为11千米×5千米。该彗核有自转，周期约为42小时。选择"坦普尔1"号作为深度撞击对象的主要原因是：（1）对这颗彗星已经有

100 多年的观测历史，运动状况比较熟悉；（2）该彗星正处于中年时期，彗核深处蕴含的物质具有代表性；（3）该彗星可以飞到离地球比较近的地方，撞击后适宜从地球上进行观测；（4）所处的位置相对合适，撞击器能在较短时间内击中目标，而探测器可在一段时间内对撞击地点进行跟踪观测。

这项计划的实施前后经历了 10 多年时间。用人造飞行器撞击彗星的思想最早出现于 1978 年，到 1996 年两位美国科学家正式向宇航局提出了撞击方案。这一近乎异想天开的提议最初很快被美国宇航局评审委员会的专家们所拒绝。后来方案几经调整，加上项目科学家们的积极游说，宇航局终于在 2000 年 5 月批准了该方案。该项计划共耗资 3 亿多美元，发射的探测器重 650 千克，撞击器重 372 千克，主要由铜和铝组成。

2005 年 1 月 12 日深度撞击探测器于美国佛罗里达州肯尼迪航天中心发射升空。7 月 3 日北京时间 13 时 52 分，探测器在成功地进行了四次轨道调整后，与撞击器成功分离，此时探测器距彗星 86.4 万千米。7 月 4 日 13 时 50 分，撞击器在经过三次自动轨道调整后，成功击中"坦普尔 1"号彗星。

从地球出发到撞击"坦普尔 1"号彗星，探测器飞行了约 4.31 亿千米，历时 173 天，撞击发生时探测器距离地球约 1.32 亿千米。这次撞击从准确程度上来说非常成功。据报道，与计划相比，撞击的发生时间提前了 2 分钟，而位置上的误差仅为 1 米。尽管有人对撞击位置的精度表示怀疑，但飞行器能在经过 4 亿多千米的长途跋涉后命中 10 千米左右大小的目标实属不易。撞击过程历时约 3.7 秒，撞击发生时撞击器与彗星的相对运动速度约为 10.2 千米/秒，倾角为 25 度，撞击威力相当于 4.5 吨 TNT 炸药，撞击发生后彗星约增亮 5~8 倍（约 2 个星等）。撞击坑的大小估计比足球场还大，深达数十米。释放出撞击器之后，探测器在约 500 千米远处飞越彗核，同时拍摄了撞击前后数千幅彗核照片。

美国宇航局的一个科学家小组在分析了夏威夷 10 米口径凯克望远镜所获得的观测资料后认为，"坦普尔 1"号彗星的诞生地很可能在天王星与海王星轨道之间。此外，"坦普尔 1"号彗星的化学成分类似于奥尔特云彗星，说明一些柯伊伯带彗星和奥尔特云彗星有可能是在同样的地方形成的。

对观测资料的初步分析表明，在撞出物质中尘粒较多，水冰较少，而且物质的颗粒很细，不像沙粒，更像滑石粉，这似乎对原有的理论提出了挑战，说明彗核不像原先认为的是个"大冰坨"。彗核表层物质如此细小，说明它在漫长的太空旅程中没有受到太大的外界扰动。撞出物质中，除了硅酸盐等彗星中常见的化合物外，还出乎意外地探测到了诸如泥土、碳酸盐之类的成分，而通常认为这类成分必须在存在液态水的条件下才能生成。撞出物质中甚至还有含铁的成分和芳香族碳氢化合物。对这些观测结果人们还没有给出令人满意的解释。

因撞击造成的喷发物以大约 5 千米/秒的速度向外扩散，产生的尘埃量约为平时的 1.6 倍。在一天时间内尘埃的平均温度从撞击前的 280 开升高到了330 开，说明撞击赋予的能量并没有全部为彗核所吸收，而是有很大一部分通过辐射或扩散过程带入了行星际空间。

撞击后的测量表明，撞击后彗星表面水分释放率不到 250 千克/秒，与撞击前相近，低于撞击前数周为彗星若干次自然喷发时的水分释放率。气体（如氢等）产生率同样很低，以致探测仪器只能测出其上限。但是，撞击后彗核周围乙烷的含量明显比撞击前高，说明彗星表面与内层的物质组成确实有所不同。

寻找宇宙反物质、暗物质

由诺贝尔物理奖得主、美籍华裔著名物理学家丁肇中发起，美国、中国、俄罗斯、德国、意大利、法国等 10 个国家和地区的近 200 位物理学家和工程技术人员参与研制的阿尔法磁谱仪，于 1998 年 6 月 3 日搭乘"发现"号航天飞机发射上空，揭开了人类探测宇宙中反物质和暗物质的序幕。

根据大量的天文观测和天体物理实验，天文学家提出了宇宙大爆炸理论，即宇宙起源于 150 亿年前的一次大爆炸。大爆炸后，宇宙不断地膨胀，形成了现在包括人类居住的地球在内的物质世界。我们知道，所有物质是由原子组成的。原子的中心是原子核，原子核由质子和中子组成，带正电；原子核的周围是带负电的电子，它们围绕着原子核作高速旋转。然而，根据粒子物理理论，大爆炸在产生大量物质的同时，还应该产生相同数量的反物质。反物质的原子核由"反质子"和"反中子"组成，带负电；围绕着反物质原子核旋转的则应该是带正电的"正电子"。1932 年，人们已经在实验中证实了"正电子"的存在。1997 年，欧洲核子中心利用氙原子与反质子相撞产生了反氢原子。物质和反物质相遇时会产生强光，化作巨大的能量，同时，物质和反物质会"湮灭"而消失。"湮灭"产生的能量比我们知道的原子核裂变或原子核聚变产生的能量还要大许多倍。

因此，寻找反物质不仅能了解宇宙的起源，而且可以为人类找到另一种潜在的能源。它的意义不亚于当初人类发现原子能。

宇宙中还存在不发光、也不反射光，但具有万有引力的暗物质。暗物质不能用天文光学方法直接看到，但科学家相信，暗物质大约占宇宙物质总量的 90%。暗物质到底是以什么形式存在的？这也是科学家孜孜以求的一个梦想。

阿尔法磁谱仪的任务就是去寻找宇宙中的反物质和暗物质。阿尔法磁谱仪的探测装置的主要部分是由中国研制的。到 2002 年，阿尔法磁谱仪被航天飞机送上国际空间站安置，在那里探寻宇宙中反物质和暗物质的踪迹。

····➤➤➤ 知识点

暗物质的探索

暗物质是宇宙研究中最具挑战性的课题之一。暗物质是指那些不发射任何光及电磁辐射的物质。由于目前无法直接观测到，科学家只能通过引力产生的效应（暗物质能干扰星体发出的光波或引力，其存在能被明显地感受到）得知宇宙中有大量暗物质的存在。暗物质存在的最早证据来源于对球状星系旋转速度的观测。

"地球名片" 送向太空

拜访或跟人联系，初次见面时，呈上自己的名片显得很自然，也很有礼貌。地球的"名片"是送给谁的呢？上面又写些什么呢？

"地球名片"是送给"外星人"的。科学家认为，"外星人"是可能存在的，或者把他们叫做高等智慧生物吧。茫茫宇宙中有那么多的星球，只要某颗星球上具备了像地球这样的环境和条件，以及有利于生物发展的其他条件，生命就会产生和发展起来。地球上的人类不是也绝不可能是宇宙间的孤独者。尽管直到今天，我们还没有找到"外星人"的可靠线索，我们不妨在继续寻找的同时，对外发布消息，宣告人类的存在。也许"外星人"也正在宇宙的某个"角落"，向周围张望，寻找我们呢！

1972年3月和1973年4月，美国先后成功发射了"先驱者10"号和"先驱者11"号探测器，它们携带着两张完全一样的"地球名片"，飞离太阳系，在茫茫宇宙中寻找"外星人"。

"地球名片"上写着什么呢？它是一块22.5厘米长、15厘米宽的镀金铝板。"名片"的左半部从上到下是：氢原子的结构，氢是宇宙间最丰富的化学元素，哪儿的科学家都懂得这一点；放射线代表离地球最近的一些脉冲星的位置；最下面的一个大圆圈和九个小圆圈分别代表太阳和当时认为的九大行星，探测器则是从第三颗行星——地球发射出去的。名片的右半部分主要是一男一女的画像，代表地球上的人类。尽管"外星人"的形态可能与

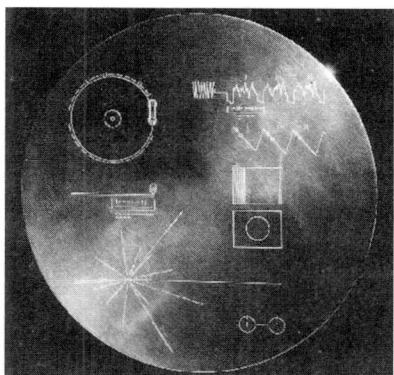
给外星人的地球名片

我们有很大差别，科学家们相信人类的形象不大可能被误解，尤其是男的，正举手致意。

1977年8月和9月，人类又成功发射了"旅行者1"号和"旅行者2"号探测器，再次向"外星人'作了更详细的"自我介绍"。这次，它们各自携带了一张称为"地球之音'的唱片，上面录制了丰富的地球信息：这两张唱片都是镀金铜质的，直径为30.5厘米。唱片上录有115幅照片和图表，35种各类声音，近60种语言的问候语和27首世界著名乐曲等。

115幅照片中包括我国八达岭长城，以及中国人围坐在圆桌旁吃筵席的情景。此外还有太阳系、太阳在银河系中的位置和银河系大小等示意图、卫星、火箭、望远镜等仪器设备和各种交通工具的图片等等；35种声音包括风、雨、

雷电声，火箭起飞和交通工具行驶时的声音，以及成人的脚步声和婴幼儿的哭笑声；60 种问候语中有 3 种是我国南方的方言，即广东话、厦门话和客家话；27 首著名乐曲中有贝多芬的交响曲，脍炙人口的圆舞曲，以及用古琴演奏的中国乐曲《流水》等等。

两张唱片将在何时、被哪颗星球上的智慧生物捡拾到呢？我们不得而知。从它们现在飞行的方向来看，公元 4 万年时，"旅行者 1"号将从一颗很暗的星（AC + 793888）附近飞过，而"旅行者 2"号将在公元 35.8 万年时飞越天狼星。如果在这些星及其附近空间存在智慧生物的话，它们有可能被截获。

那些肩负重任的探测器，在宇宙中与"外星人"相遇的机会少得可怜，它们有。它们有可能要在茫茫宇宙中遨游几十万年、几百万年甚至上亿年。为了保护这些地球信息不受损坏，完好地到达宇宙深处可能存在的智慧生物手里，唱片外面还包了一层特制的铝套，可使唱片保存 10 亿年而不毁坏。

地球人自我介绍的这两张"名片"，究竟会在何年何月到这哪个天体上哪位"外星人"的手中，谁都无法说清楚了。

太空上的奇妙实验

TAIKONGSHANG DE QIMIAO SHIYAN

太空的环境与我们现在的生活环境有着很大的不同，可以说有着天壤之别，所以，在太空中，人类会遭遇到各种在地球上不曾遇到的问题和困难，在遭遇到这些没有遭遇到的问题和困难之前，预先做一些我们所能做到的实验会对这些问题和困难的解决有一定的帮助。另外，借组太空中的一些特殊条件，也许可以解决如今我们遇到的问题，由此科学家们提出了自己的意见和办法。

太空失重环境下的生物实验

1957年10月4日，苏联发射了世界上第一颗人造地球卫星以来，人类活动范围从陆地、海洋、大气层扩展到宇宙空间，宇宙空间成为人类的第四疆域。人类发展空间技术的最终目的是开发太空资源。而要开发太空资源，首先要在太空进行生命科学和宇宙医学研究，以深入了解太空环境对地球上各种生物的影响。

太空环境最显著的特点是失重。50多年来，科学家将多种生物随着航天器带入太空，进行失重生物学的实验研究，并取得了不少成果。

20世纪60年代在苏联"宇宙110"卫星上，苏联科学家装载了两只小狗，在太空中飞行了 22 个昼夜后，发现它们的水盐代谢，特别是钙的代谢功能被破坏，肌肉萎缩，血液成分改变，心血管系统功能也受到影响。但是，这些影响并没有危及小狗的生命，当它们回到地面后又进入了正常的发育状态。植物在太空中受失重的影响，改变了根向地和茎背地的习性；同时，由于航天器每天绕地球 14～16 圈，昼夜交替很快，破坏了原有的正常生长的机理。但是，当这些植物返回地面后，又恢复了原有的生长习性。这些太空生物实验说明失重环境对生物的影响有可逆性。

1962 年 8 月，苏联科学家在"东方 3"号和 1964 年 10 月苏联科学家在"上升"号宇宙飞船上搭载了紫跖草，发现紫跖草在细胞分裂时染色体的性状遭到破坏。美国科学家在太空失重的环境中辐射谷盗甲虫，发现它在发育过程中基因突变的频率增加。1987 年 8 月中国在返回式卫星上搭载种子，返回后经地面种植，也发现了种子诱变，产量增加。

科学家还发现在失重环境下，有一些生物的生长速度变得缓慢。1994 年 9 月 8 日，日本航天员把 4 条青鳉鱼和 340 颗青鳉鱼卵带到太空。结果是，从地面上带到太空的鱼卵经过 4～5 天就孵出了鱼苗，而青鳉鱼在太空产下的鱼卵过了 13 天才开始孵化。看来，在太空孵化养鱼没问题，但在太空中鱼的繁殖却很慢。

而另外一些生物的生长速度加快。1990 年 12 月，俄罗斯科学家曾把人参组织培养基带到空间站，进行太空培植实验，10 天后发现人参在太空的生长量已相当于地面上 1 个月的生长量。还有，在太空单个蚕蛹孵化成幼蚕的时间比地面早两个月。许多微生物的生长速度要比地面快得多，有的生长速度甚至提高了 400 倍。

地面上的植物，其 80% 的能量用于茎的生长，而在太空空间站的温室中的植物几乎没有茎，但是叶更加茂盛，果实更加丰硕。1975 年，苏联科学家在"礼炮"号空间站种植了一批豌豆，发现豌豆的幼芽总是朝着明亮的地方生长，而新生的根和茎却朝着相反的方向生长，苗的生长期很短，不久就枯萎。

1985 年 4 月，美国科学家在"空间实验室 3"号上放置了 12 只出生仅 56 天的幼鼠，经过 7 天飞行后，发现幼鼠的前脚重量减少了 14%，腰骨的重量减少了 7%，前脚抗弯曲的强度也减弱了 28%。说明失重环境下会影响到生物机体的形状和功能。

在失重和太空辐射的共同作用下，植物品种会发生变异，动物机体会发生变化。如家鼠的造血器官和淋巴组织的变化要比仅处于失重状态下的变化更加剧烈，有的家鼠的肺部出现点状出血现象。

失重对生物节律的影响很明显，1990年12月2日，日本航天员将6只2～3厘米长的雨蛙带上航天飞机。这种雨蛙背绿腹白，体侧有黑斑，趾的末端有吸盘，趾间有蹼，因而它们在太空失重状态下能平稳行走，跳动自如，既能向前跳，又能向后跳，但很少吃东西。1991年6月，美国航天员将2478只水母带上航天飞机，研究水母的生活和动物的定向能力，水母在太空很活跃，不停地搏动身体，但行为异常，在水中不停地转圆圈。1992年9月，美国航天员将12枚已受精的青蛙卵带上航天飞机，结果孵化出7只蝌蚪。这些小蝌蚪行为很怪，在水面上窜来窜去，飞快地转圈游动，不停地摇动尾巴或前后翻滚。苏联航天员在"和平"号空间站进行孵化鹌鹑蛋的试验，鹌鹑孵化出来后，不能抓住铁笼的笼丝，在笼内挤成一团，最后因营养不良而死亡。

但失重环境对动物的习性和感觉器官却无影响。苏联航天员将两只猴子带到"宇宙1887"号生物卫星上，在经过13个昼夜飞行后对它们进行观察，发现猴子能很好地保持原有的习性和掌握原有的技能，感觉器官也没有受到不可逆的影响。

1990年12月，俄罗斯科学家在"和平"号空间站试种过一批小麦，但结果

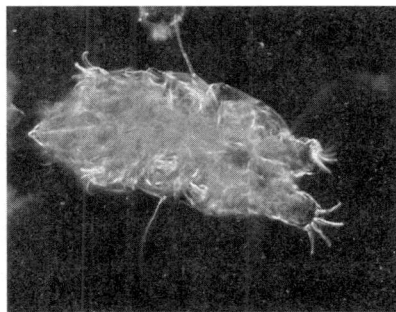

太空生物——水熊

并不理想，生长期远远超过地球上的生长期，只生长却没有收获。后来在1996年12月，俄罗斯和美国科学家合作成功地在"和平"号空间站的暖棚里培育并收获了第一批太空小麦。这块麦田只有900平方厘米，收割了150多穗。这批墨西哥矮小型杂交小麦从播种到成熟只有97天。这证明生物在太空站内是可以生长发育的，为人类未来在星际旅行时解决食品问题走出了可喜的一步。

1984年，苏联曾在仿造太空飞行条件的装置内，放入人工土壤。这种人

工土壤是两种塑料的混合物，很像沙土，其中含有 15 种养分。在这种人工土壤中栽培植物，植物的生长周期大大缩短，产量明显提高。例如，在曾通土壤中，每平方米的面积上 70 天产 1 千克萝卜；而在人工土壤中，每平方米的面积上 21 天就可产 10 千克萝卜。这一试验基本上解决了太空农场的土壤问题。

1992 年 9 月，日本科学家曾进行过太空动物饲养试验。他们将果蝇带到太空中，其中有 1/10 在太空死掉了，其余的被带回地面，后代在地面上一样生长发育。将受精的青鳉鱼卵带往太空，鱼卵照常孵化。为了能在太空养鸡，莫斯科航空学院的学生成功地设计制造了太空孵化器和饲养装置，并已收获了 200 只成年鸡。人们正在进一步为在太空能饲养鸟类、哺乳动物进行试验，以期在 21 世纪在太空中出现一个植物茂盛、鸟语花香的新世界。

➡ 知识点

太空失重下人的睡眠情况

由于失重，人的方向感丧失了，所以不管人体是横还是竖，是正还是倒，都可以飘浮着在空中睡眠。但是，为了安全应该睡在有防火等功能的固定着的睡袋中。另外，为了提高睡眠质量，获得与在地面上睡眠相同的感受，还要给睡袋充气，或用绷带绑紧，使它向人体施加一定的压力，以模拟地球重力；带上眼罩，不让航天器上快速交替的昼夜节奏影响睡眠；带上耳塞，不让仪器设备和静电产生的噪声干扰睡眠。

太空机器人活跃太空

顾名思义，"太空机器人"可理解为活跃在地球之外太空中的机器人。最早的太空机器人当首推美国于 1967 年 4 月 17 日发射的"勘测者 3"号。这个重达 280 千克的机器人根本不具备人的外形特征，它可在地球科学家的指挥下，在月面"识海"地区蹒跚而行，并用"铁臂钢手"在这亘古荒漠上掘了 3 个洞穴，开出一条小沟（长 10 多米、深 0.2 米），挖取了若干科学家们感兴趣的月岩和月土进行化验、分析，并把珍贵的资料及时发回了地球。

自此之后，各种形态的机器人开始活跃于太空中：苏联的"月球车"8腿机器人在崎岖不平的月面上纵横几十千米；航天飞机上无脚机器人，用它有力的机械手把失效或出故障的卫星抓回机舱进行修理，每次都能挽回几千万甚至几亿美元的损失；"海盗"号上重达1.1吨的机器人庞然大物居然能合理安排能量，使只有3个月设计寿命的仪器在火星上工作了4年多……

平心而论，这些太空机器人只是低等的，低智商的。随着空间科学的飞速发展，科学家们非常需要有多种传感功能、会作分析判断、能自我检查维修的新型高智能太空机器人。美国登天的"太空清道夫"、"漫游者"及"海盗3"号即是其中典型代表。"太空清道夫"的全称是"太空自动处理轨道碎片系统"，专门用以消除对航天活动危害日益严重的"太空垃圾"。它进入太空后即会自动搜寻猎物——失效的或已被废弃的人造卫星（包括运载火箭）及其碎片残骸，凡其"目力"所及，小的手到擒来，大的则用激光把它们切成小块，再一一装入"肚子"——贮存箱内。专门用以修复卫星的"漫游者"有4条灵活的机械臂，装有新颖的空气动力推进系统和大功率助推火箭，可独立飞行，也可根据需要随时调整轨道和速度。而"海盗3"号实质上是用于火星探测的一辆自动车。它的外形很奇特，两个直径5米的大车轮各由8个乙烯树脂气囊构成，这辆车可自动前进、后退、拐弯，还能越过1.5米高的障碍，并装有自动回避危险的装置。

另一方面，由于近年来集成电路精细加工技术不断有重大突破，人们已能把电源、传感器、驱动、传动、自控装置集成于绿豆大小的多晶硅片上，21世纪，微型太空机器人成为了空间探测的又一主力军。据报道，20世纪90年代初，美国麻省理工学院人工智能研究所已制成3种很小的机器人。其中，最小的一种其体积只有乒乓球大小，重量不到50克。1995年精工埃逊公司造出的"姆休"机器人外形像只小甲虫，前面两

火星漫游车"勇气"号和"机遇"号

根触须似的导线用于供给电源。"姆休"不仅能循光行走,也可自己行动。

可以遐想一下,到人们建造月球基地时,必然会先派遣大量"蚂蚁"式的6足机器人去当"建筑工人",让它们在月球上挖土、推土,做好一切准备工作。在进行火星探测时,又可让成千上万的"蚊子"型微型机器人做开路先锋。由于它们的6条腿中都安装有储存着太阳能的硅弹簧,在其不断更换落地点的同时,从与火星尘土的作用力的分析便可确定火星土壤的特性及有关该星球的地形、地貌。人类如果登上某个星球,那些"小精灵"又可为人类乘坐的大型车辆开路,它们会把越野车前面的地形特征、地貌状况及时传送过来,以避免出现各种可能的危险。

知识点

太空垃圾

太空垃圾是指在人类探索宇宙的过程中,被有意或无意遗弃在宇宙空间的各种残骸和废物。太空垃圾小到人造卫星碎片、漆片、零部件,大到整个火箭发动机。自2009年1月以来已发现有大量的太空垃圾在太空轨道中。由于这些高速运行的太空垃圾可对运转的卫星造成极大损害,因此太空垃圾的处理成为了科学家日益关注的问题。

"空间气候工程"的设想

目前,地球上气候有逐年变暖的趋势,科学家告诫人们,如果对此不设法加以制止,长期下去,两极冰盖将会逐渐融化,海平面升高,沿海城镇将有被淹没的危险。同时,大气环流与海洋水流也会发生变化,使地球气候出现异常现象,这将有可能给人类带来不可估量的灾难,甚至威胁到人类的生存。

随着人类对太空了解的加深,航天科学家提出了造福人类的"空间气候工程",它是利用空间科学技术来控制、改变地球的气候。目前,科学家提出的方案有四。

在空间支起"太阳伞"

科学研究表明，要解决目前气候变暖的问题，只需要把照射到地球的太阳光遮挡掉3%即可。按照计算，在空间支起一把"太阳伞"的伞面积需要有20平方千米左右，伞面要用薄如蝉翼的金属薄膜或塑料薄膜制造。

这个庞大的伞面由4万个单元拼接而成，每个单元都有一个由计算机和制动器组成的自动控制机构，用来调节其位置和方向。

这把太阳伞是依靠太阳光玉和星球引力，维持在空间规定的位置上，这个空间位置也不是任意选择的。据研究，这个空间位置应位于从地球至太阳距离的1%处的点上。在这个点上，任何物体相对于太阳、地球和月亮的距离始终是保持不变的。这样，在这个空间位置上，就可以保证太阳伞具有恒定的遮蔽效果，并且不会影响其他的空间活动。被遮蔽的空域仅仅相当于蒙上一层隐隐约约的薄雾，对人类生活和植物生长没有任何影响。

在空间制造"尘埃云"

宇航科学家提出：如果在位于地球至太阳距离的1%处的某点位置上，设法飘浮一片尘埃云，用它来遮挡太阳光，也是一种行之有效的方法。

采用这种方法所用的尘埃可以取材于月球。把装有月球尘埃的若干个圆筒发射到空间规定的位置上。在每个圆筒内，除装有月球尘埃外，还装有一定量的炸药。

当圆筒抵达规定的位置时，让炸药爆炸。依靠炸药的爆炸力使尘埃扩散开来，制造成一片永久性的、具有一定密度的尘埃云，用它来遮挡阳光。

令人担心的是，如果这些尘埃一旦进入地球，对地球会有什么影响？科学研究的结果表明：即使这些尘埃每年散失1%，并且全部落入地球的话，也只相当于通常行星星际尘埃的流入量，不会给地球构成明显的危害。

在空间竖起"反射镜"

科学家提出，在空间安置一面反射镜，把部分太阳光集中反射到某个局部地区，就能改变这个局部地区的气候状况。例如，由于高空云层能阻挡地球向空间散发热量，会使地球表面越来越热。人们利用空间反射镜，就能把

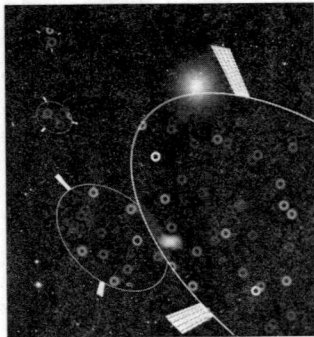

发射轨道太空镜给地球降温

太阳光集中反射到高空云层上去，让云层逐渐受热而散开，这样就能加快地表热量的散失而降低地球上的温度。

又如，我们也可以利用空间反射镜，把太阳光反射到南、北极的海区，促使那里浮游生物的生长。这样，浮游生物就能不断地从大气中摄取大量的二氧化碳，这不仅会减少温室效应，而且能使浮游生物的产量增加，有利于海洋生物和渔业生产的发展。

在空间编织"激光网"

上述的三种方法，都是在太空设置庞大的遮蔽物以遮挡阳光，但是容易造成过多的太空垃圾。为此，有的航天科学家提出建议：向太空发射多颗人造地球卫星，并且从卫星上发射激光，形成"激光网"，让太空中对海面温度颇有影响的红外线发生变化，以阻止气候变暖。

根据这一设想，美国科学家提出了一个具体的实施办法：发射4颗人造地球卫星，卫星上配置激光发射装置和巨大的反射镜，4颗地球卫星上发射的激光互相碰撞。这样，当太空中红外线通过时，就会被与红外线能量相当的激光网阻挡，发生折射并照到海面上。于是，海面温度便人为升高，产生气流，兴云播雨，以此调节地球上的温度。

➡ 知识点

太阳光压

太阳光压是指太阳光照射在物体上对物体产生的压力。阳光照在身体上，不仅使身体发热，而且对身体也会产生一定的压力，只是因为压力相对较小而感觉不到。如果这个压力在微重力环境下则会有相对比较明显的影响，因此在设计航天飞行器时，通常要考虑借助于这个压力。可利用超薄光帆，调整对太阳的帆向，然后得到光压，获得动力。

利用核弹缔造合适宇宙空间

核弹是利用核裂变或核聚变释放出巨大能量的原理而制造的武器。虽然是武器，但我们也可以像和平利用原子能一样，让它们在人类征服太空的进程中，去建功立业，大展神威。

给金星降温

被称为地球姊妹星的金星直径（6050 千米）与地球直径（6371 千米）相差无几，密度（5.25 克/立方厘米）略低于地球（5.52 克/立方厘米），具有与地球相似的石质地壳与内部结构、但金星却拥有一个远比地球浓厚的由 97% 二氧化碳组成的大气层，表面气压高达 90×10^5 帕。特别是其表面烈日酷暑、铄石流金，温变达 465 ~ 485 摄氏度。显然金星根本不适合地球型生命生息，而要将金星改造成人类的太空迁徙地，首要任务是降温。

研究表明，金星内部传到其表面的热量只占 0.5%。其高温酷热的原因出于浓厚二氧化碳的温室效应。原来二氧化碳具有与玻璃温室保暖过程完全相同的保温特性，即能让太阳的可见光、紫外线等短波辐射畅通无阻通过，而对反射的红外线等长波辐射却百般阻挠。所以，实现金星降温的途径无非是，从减小太阳热辐射入手，或从降低大气二氧化碳浓度、减弱温室效应开始。而核弹恰好能担此重任。

人们发现，太阳辐射通过大气，会因其中飘浮的微粒散射或云层反射而减弱，这就是所谓的"阳伞效应"。因此，只要在金星与太阳之间布上几片尘埃云，其产生的阳伞效应即可减弱或挡住一部分射向金星的阳光，就达到了使其表面降温的目的。要在巨大的金星面前人工铺设遮挡太阳的尘云，其规模之大，是现代任何工程都无法比拟的。所需要的几十亿吨的尘土从地面运去，或从月球、小行星上挖掘，显然都得不偿失。最好的办法，就是利用核弹就地取材。有人设想，只要在金星上引爆两个一定当量的核弹，即能在金星大气层制造出弥天大尘雾，足以使射向金星的阳光减弱。当太阳辐射减少到 50% ~ 80% 时，金星气温就会开始以每星期 1 ~ 3 摄氏度的速度下降。几年后，金星气候将变得像地球一样冷暖适中。

早在 1952 年有个叫尤里的科学家就发现，在环境温度较低时，空气中二氧化碳气体会被岩石吸收；当温度升高时，岩石中的二氧化碳气体又会自动释放出来。所以，一旦金星的气温降低以后，其大气中浓厚的二氧化碳气体就会逐渐被金星上岩石吸收，温室效应也将随之减弱。这样，利用核弹为金星降温，既可釜底抽薪达到减少太阳辐射的目的，又能一箭双雕收到降低二氧化碳浓度、减弱温室效应的效果，从而一劳永逸地根治金星的"高温病"。

使火星变暖

地球的近邻火星，其自转周期（24 小时 37 分）、黄赤交角（23 度 59 分）等均与地球极其相似，使火星同样具有昼夜交替和四季循环。然而，火星那由 95% 的二氧化碳组成的大气极其稀薄，气压平均 610 帕，没有液态水，表面平均温度仅零下 60 摄氏度。其环境的严酷，比月球有过之而无不及，显然也不适合于地球型生命的生存。要向火星大规模移民，也必须对其进行改造。只不过与金星恰好相反的是，火星却需要"增温"。

究其原因，火星低温主要是由于其比地球更远离太阳，接收的太阳热量至多仅为地球的一半。其次是其稀薄大气的保温性太差。所以有些科学家打算通过增加火星大气层二氧化碳浓度，以加强温室效应来使火星变暖。完成如此重大使命，人们自然又想到了核弹。

有人建议，向火星表面沉寂的巨大火山口投掷核弹，来激发火星火山的爆发。估计一枚 100 万吨级的核弹若落点准确，则足以激发火星地下的岩浆源，造成几座火山同时喷发。届时，火星那玫瑰红的天空中会充满二氧化碳和水汽。当这些气体达到一定浓度后，太阳热量仍可直达火星表面，而从表面反射出的热能却被阻滞在大气层下不能逸出。这样火星温度就会不断升高。

还有人设想，用几枚百万吨级核弹将火星与木星之间的某一小行星炸离轨道，并使其撞向火星，剧烈的撞击作用即能释放出禁锢在火星地下的大量温室气体，来为火星升温，使其变暖。

为地球设防

研究发现，彗星、小行星和大陨石等近地小天体和它们的碎片，对包括地球在内的太阳系天体的撞击由来已久。6500 万年前的恐龙灭绝事件，各天体表面密布的环形山和撞击坑，地球上那众多的陨石坑等无一不是天体碰撞的"杰作"。而 1994 年 7 月 16 日~22 日为人类亲眼目睹的"彗木相撞"，更以无可辩驳的事实表明，小天体对地球的撞击，已和地震、环境污染等一样成为影响人类生存的一种"公害"。然而，人类可利用核弹为地球设防来消除这种来自宇宙的灾难。

在做好观测、搜索和精确预报的基础上，利用核弹设防有两种方法：

其一是引爆核弹，炸毁敢于冒犯地球的"不速之客"。英国学者认为，使用装有核弹的火箭去拦截，令核弹在"来犯者"上爆炸使其气化，即可消除天降之横祸。此外，也可以在小天体上埋置核弹，定时引爆炸毁。

其二是通过核弹在小天体附近爆炸，使其运行轨道改变，从而避免与地球的狭路相逢。美国加利福尼亚州理工学院和美国宇航局喷气推进实验室的托马斯·阿伦斯和艾伦·哈里斯曾指出，一个当量小于二战中投放日本广岛原子弹的核弹，即可产生出足以致"袭击者"转变运行方向的撞击力。

当然，在选择核弹和方法时还要考虑小天体的大小和质地。若"来犯者"的体积不大时，采用一般小当量级核弹引爆即可；如果它们的直径超过 2 千米，就得动用 100 万吨级核弹；如果是铁质或岩石小行星，还得请中子弹"出山"。中子弹在小天体附近爆炸，中子高速钻进其内部造成星体温度骤升，部分物质气化进而引发体积膨胀并从星体另一边喷出，产生的反推力将使星体步入一个远离地球的新运行轨道。

核爆炸升起的蘑菇云

由于核弹击碎星体后，存在有碎块体陨落地球造成次生撞击的危害，所以科学家们建议，向小型天体发射摧毁性核弹最好在其抵达地球的大约前 10 年升空迎击，而核弹本身也一定要在小天体上引爆。

当然，使用核弹改造宇宙是项极其宏伟的工程，必须在具备宇宙飞船、大推力火箭、空间站、激光、大型电脑、机器人等诸多方面的高技术的基础上，整体配合才能实现。此外，在实施中还要慎重考虑改造过程中和完成后可能产生的负效应及其难以预料的后果。

精卫填海、嫦娥奔月，我们人类已将诸多神话变成了现实。相信不远将来，也定能让核弹在太空显神威，为人类造福宇宙空间。

➤➤ 知识点

太阳的短波辐射

通常情况下，物体向外辐射的波长与其温度成反比，一般温度愈高其最强辐射的波长愈短，温度愈低辐射的波长愈长。太阳的光球表面温度约6000开，太阳辐射中约有一半的能量分布在0.4～0.76微米的可见光区，其余一半大多在近红外区，少量在紫外区。与地球的辐射相比，太阳辐射的波长短得多，故把太阳辐射称为短波辐射。

形形色色的太空迷雾

XINGXINGSESE DE TAIKONG MIWU

在太空的探测上，虽然人类已经取得了很多不菲的成绩（例如成功登月），但相对于未知的太空奥秘，人类所知的真是太少太少了，太空中还有许许多多的人类未曾了解的祕密，即使在人类已经所谓破解的太空奥秘中，还有许多解释不了的现象，所以，太空对于我们人类来说还很"新鲜"。另外，洞悉太空奥妙对于我们人类来说意义非凡，关系到人类未来的命运走向。破解一个又一个太空谜团，穿越一个又一个太空迷雾，最终走向完全的胜利。

太空的尽头在哪里

太空是一个无边无际、元始无终的世界，无论使用多么先进的望远镜，我们的视线也不能到达太空的尽头；不论我们懂得多少知识，也无法全部了解太空的所有奥秘。

人类知道得最多的是地球和它的家族——太阳系。对更遥远的地方发生的事情，我们只能借助望远镜，看到千百年甚至上亿年前发生的事情。因为它们离地球很远很远，需要用速度最快的光（每秒 30 万千米）来计算距离。像离地球不远的天狼星，距离地球大约 8.7 光年，换句话说，天狼星发出的光，在空间要走 8.7 年才能到达地球。地球上任何时刻接收到天狼星的光，是它 8.7 年前发出来的。

人类对宇宙的认识，最早是从地球开始的，再从地球扩展到太阳系，从太阳系扩展到银河系，从银河系扩展到河外星系、星系团、总星系。

地球只是太阳系中一颗普通的行星。太阳系的成员除了太阳外，还包括地球在内的八大行星、几十颗像月亮一样的卫星、神秘莫测的彗星、数以千计的小行星、数不清的流星以及各种星际物质等。如果把距太阳最远的冥王星的轨道作为太阳系的边界的话，那么，太阳系所占的空间直径约有 120 亿千米。在广阔无边的太空中，整个太阳系又不过是像大海里的一滴水珠。庞大的太阳系家族，在茫茫星海中只能算是一个小小的家庭。

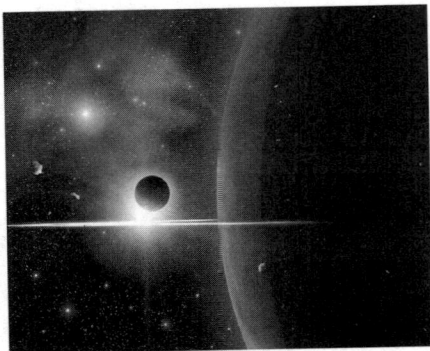

浩渺神奇的太空

比太阳系更大的是银河系。银河系的直径有 10 万光年。在银河系里，大大小小的恒星有一千多亿颗。

银河系还不算最大的，今天已经发现 10 亿多个和银河系同样庞大的恒星系统，我们叫它"河外星系"。所有的河外星系又构成更为庞大的总星系。总星系在太空中也不过占了一个微不足道的角落。现在，天文学家使用最先进的天文望远镜，已经观测到距离我们大约 200 亿光年的特别明亮的个别天体。

太空是有限还是无限

太空到底是什么样子？目前尚无定论。值得一提的是史蒂芬·霍金的观点比较让人容易接受：太空有限而无界，只不过比地球多了几维。比如，我们的地球就是有限而无界的。在地球上，无论从南极走到北极，还是从北极走到南极，你始终不可能找到地球的边界，但你不能由此认为地球是无限的。实际上，我们都知道地球是有限的。地球如此，太空亦是如此。

怎么理解太空比地球多了几维呢？举个例子：一个小球沿地面滚动并掉进了一个小洞中，在我们看来，小球是存在的，它还在洞里面，因为我们人类是"三维"的。而对于一个动物来说，它得出的结论就会是：小球已经不存在了，它消失了。为什么会得出这样的结论呢？因为它生活在"二维"世界里，对"三维"事件是无法清楚理解的。同样的道理，我们人类生活在"三维"世界里，对于比我们多几维的太空，也是很难理解清楚的。这也正是对于"太空是什么样子"这个问题无法解释清楚的原因。

长期以来，人们相信地球是宇宙的中心。哥白尼把这个观点颠倒了过来，他认为太阳才是宇宙的中心。地球和其他行星都围绕着太阳转动，恒星则镶嵌在天球的最外层上。布鲁诺进一步认为，宇宙没有中心，恒星都是遥远的太阳。

无论是托勒密的地心说还是哥白尼的日心说，都认为宇宙是有限的。教会支持宇宙有限的论点。但是，布鲁诺居然敢说宇宙是无限的，从而挑起了宇宙究竟是有限还是无限的长期论战。这场论战并没有因为教会烧死布鲁诺而停止下来。主张宇宙有限的人说："宇宙怎么可能是无限的呢？"这个问题确实不容易说清楚。主张宇宙无限的人则反问："宇宙怎么可能是有限的呢？"这个问题同样也不好回答。

随着天文观测技术的发展，人们看到，确实像布鲁诺所说的那样，恒星是遥远的太阳。而且，银河是由无数太阳系组成的巨大星系，但这样大的星团足有无数个，它们是均匀分布着的。

由于光的传播需要时间，我们看到的距离我们一亿光年的星系，实际上是那个星系一亿年以前的样子。所以，我们用望远镜看到的，不仅是空间距离遥远的星系，而且是它们的过去。从望远镜看来，不管多远距离的星系团，都均匀各向同性地分布着。因而我们可以认为，宇观尺度上（10^5 光年以上）物质分布的均匀状态，不是现在才有的，而是早已如此。

宇宙星空

于是，天体物理学家提出一条规律，即所谓宇宙学原理。这条原理说，在宇观尺度上，三维空间在任何时刻都是均匀各向同性的。现在看来，宇宙学原理是对的。所有的星系都差不多，都有相似的演化历程。因此我们用望远镜看到的遥远星系，既是它们过去的形象，也是我们星系过去的形象。望远镜不仅在看空间，而且在看时间，在看我们的历史。

爱因斯坦发表广义相对论后，考虑到万有引力比电磁力弱得多，不可能在分子、原子、原子核等研究中产生重要的影响，因而他把注意力放在了天体物理上。他认为，宇宙才是广义相对论大有用武之地的领域。

爱因斯坦1916年发表广义相对论，1917年就提出一个建立在广义相对论基础上的宇宙模型。这是一个人们完全意想不到的模型。在这个模型中，宇宙的三维空间是有限无边的，而且不随时间变化。以往人们认为，有限就是有边，无限就是无边。爱因斯坦把有限和有边这两个概念区分开来。

一个长方形的桌面，有确定的长和宽，也有确定的面积，因而大小是有限的。同时它有明显的四条边，因此是有边的。如果有一个小甲虫在它上面爬，无论朝哪个方向爬，都会很快到达桌面的边缘。所以桌面是有限有边的二维空间。

我们再看一个篮球的表面，如果篮球的半径为 r，那么球面的面积是 $4\pi r^2$，大小是有限的。但是，这个二维球面是无边的。假如有一个小甲虫在它上面爬，永远也不会走到尽头。所以，篮球面是一个有限无边的二维空间。

按照宇宙学原理，在宇观尺度上，三维空间是均匀各向同性的。爱因斯坦认为，这样的三维空间必定是常曲率空间，也就是说空间各点的弯曲程度应该相同，即应该有相同的曲率。由于是物质存在的，四维时空应该是弯曲的。三维空间也应是弯的而不应是平的。爱因斯坦觉得，这样的宇宙很可能是三维超球面。三维超球面不是通常的球体，而是二维球面的推广。通常的球体是有限有边的，体积是 $4/3\pi r^3$，它的边就是二维球面。三维超球面是有限无边的，生活在其中的三维生物（例如我们人类就是有长、宽、高的三维生物），无论朝哪个方面前进均碰不到边。假如它一直朝北走，最终会从南边走回来。

宇宙学原理还认为，三维空间的均匀各向同性是在任何时刻都保持的。爱因斯坦觉得其中最简单的情况就是静态宇宙，也就是说，不随时间变化的宇宙。这样的宇宙只要在某一时刻均匀各向同性，就永远保持均匀各向同性。

爱因斯坦试图在三维空间均匀各向同性、且不随时间变化的假定下，求解广义相对论的场方程。场方程非常复杂，而且需要知道初始条件（宇宙最初的情况）和边界条件（宇宙边缘处的情况）才能求解。他设想宇宙是有限无边的，而且是静态的。再加上对称性的限制（要求三维空间均匀各向同性），场方程就变得好解多了。但还是得不出结果。反复思考后，爱因斯坦终于明白求不出解的原因：广义相对论可以看作万有引力定律的推广，只包含"吸引效应"不包含"排斥效应"。而维持一个不随时间变化的宇宙，必须有排斥效应与吸引效应相平衡才行。这就是说，从广义相对论场方程不可能得出"静态"宇宙。要想得出静态宇宙，必须修改场方程。于是他在方程中增加了一个"排斥"项，叫做宇宙项。这样，爱因斯坦终于计算出一个静态的、均匀各向同性的、有限无边的宇宙模型。一时间大家非常兴奋，科学终于告诉我们，宇宙是不随时间变化的，是有限无边的。看来，关于宇宙有限还是无限的争论似乎可以画上一个句号了。

几年之后，一个名不见经传的苏联数学家弗利德曼，应用不加宇宙项的场方程，得到一个膨胀的、或脉动的宇宙模型。弗利德曼的宇宙在三维空间上也是均匀的、各向同性的，但是，它不是静态的。这个宇宙模型随时间变化，分三种情况。第一种情况，三维空间的曲率是负的；第二种情况，三维空间的曲率为零，也就是说，三维空间是平直的；第三种情况，三维空间的曲率是正的。前两种情况，宇宙不停地膨胀；第三种情况，宇宙先膨胀，达到一个极大值后开始收缩，然后再膨胀，再收缩……因此第三种宇宙是脉动的。弗利德曼的宇宙模型最初发表在一个不太著名的杂志上。后来，西欧一些数学家物理学家得到类似的宇宙模型。爱因斯坦得知这类膨胀或脉动的宇宙模型后，十分兴奋。他认为自己的模型不好，应该放弃，弗利德曼模型才是正确的宇宙模型。

早在1910年前后，天文学家就发现大多数星系的光谱有红移现象，个别星系的光谱还有紫移现象。这些现象可以用多普勒效应来解释。远离我们而去的光源发出的光，我们收到时会感到其频率降低，波长变长，并出现光谱红移的现象，即光谱会向长波方向移动的现象。反之，向着我们迎面而来的光源，光谱线会向短波方向移动，出现紫移现象。这种现象与声音的多普勒效应相似。许多人都有过这样的感受：迎面而来的火车其鸣叫声特别尖锐刺耳，远离我们而去的火车其鸣叫声则明显迟钝。这就是声波的多普勒效应，迎面而来的声源发出的声波，我们感到其频率升高，远离我们而去的声源发出的声波，我们则感到其频率降低。

星系红移现象

如果认为星系的红移、紫移是多普勒效应，那么大多数星系都在远离我们，只有个别星系向我们靠近。随之进行的研究发现，那些个别向我们靠近的紫移星系，都在我们自己的本星系团中（我们银河系所在的星系团称本星系团）。本星系团中的星系，多数红移，少数紫移。而其他星系团中的星系就全是红移了。

1929 年，美国天文学家哈勃总结了当时的一些观测数据，提出一条经验规律，河外星系（即我们银河系之外的其他银河系）的红移大小正比于它们离开我们银河系中心的距离。由于多普勒效应的红移量与光源的速度成正比，所以，上述定律又表述为：河外星系的退行速度与它们离我们的距离成正比：

$$V = HD$$

式中 V 是河外星系的退行速度，D 是它们到我们银河系中心的距离。这个定律称为哈勃定律，比例常数 H 称为哈勃常数。按照哈勃定律，所有的河外星系都在远离我们，而且，离我们越远的河外星系，逃离得越快。

哈勃定律反映的规律与宇宙膨胀理论正好相符。个别星系的紫移可以这样解释，本星系团内部各星系要围绕它们的共同重心转动，因此总会有少数星系在一定时间内向我们的银河系靠近。这种紫移现象与整体的宇宙膨胀无关。

哈勃定律大大支持了弗利德曼的宇宙模型。不过，如果查看一下当年哈勃得出定律时所用的数据图，人们会感到惊讶。在距离与红移量的关系图中，哈勃标出的点并不集中在一条直线附近，而是比较分散的。哈勃怎么敢于断定这些点应该描绘成一条直线呢？一个可能的答案是，哈勃抓住了规律的本质，抛开了细节。另一个可能是，哈勃已经知道当年的宇宙膨胀理论，所以大胆认为自己的观测与该理论一致。以后的观测数据越来越精，数据图中的点也越来越集中在直线附近，哈勃定律终于被大量实验观测所确认。

那么太空到底是有限还是无限？有边还是无边？这要从广义相对论、大爆炸宇宙模型和天文观测的角度来探讨这一问题。

满足宇宙学原理（三维空间均匀各向同性）的宇宙，肯定是无边的。但是否有限，要分三种情况来讨论。

如果三维空间的曲率是正的，那么宇宙将是有限无边的。不过，它不同于爱因斯坦的有限无边的静态宇宙，这个宇宙是动态的，将随时间变化，不断地脉动，不可能静止。这个宇宙从空间体积无限小的奇点开始爆炸、膨胀。此奇点的物质密度无限大、温度无限高、空间曲率无限大、四维时空曲率也无限大。在膨胀过程中宇宙的温度逐渐降低，物质密度、空间曲率和时空曲率都逐渐减小。体积膨胀到一个最大值后，将转为收缩。在收缩过程中，温度重新升高、物质密度、空间曲率和时空曲率逐渐增大，最后到达一个新奇点。许多人认为，这个宇宙在到达新奇点之后将重新开始膨胀。显然，这个宇宙的体积是有限的，这是一个脉动的、有限无边的宇宙。

如果三维空间的曲率为零，也就是说，三维空间是平直的（宇宙中有物质存在，四维时空是弯曲的），那么这个宇宙一开始就具有无限大的三维体积，这个初始的无限大三维体积是奇异的（即"无穷大"的奇点）。大爆炸就从这个"无穷大"奇点开始，爆炸不是发生在初始三维空间中的某一点，而是发生在初始三维空间的每一点。即大爆炸发生在整个"无穷大"奇点上。这个"无穷大"奇点，温度无限高、密度无限大、时空曲率也无限大（三维空间曲率为零）。爆炸发生后，整个"奇点"开始膨胀，成为正常的非奇异时空，温度、密度和时空曲率都逐渐降低。这个过程将永远地进行下去。这是一种不大容易理解的图像：一个无穷大的体积在不断地膨胀。显然，这种宇宙是无限的，它是一个无限无边的宇宙。

三维空间曲率为负的情况与三维空间曲率为零的情况比较相似。宇宙一开始就有无穷大的三维体积，这个初始体积也是奇异的，即三维"无穷大"奇点；它的温度、密度无限高，三维、四维曲率都无限大。大爆炸发生在整个"奇点"上，爆炸后，无限大的三维体积将永远膨胀下去，温度、密度和曲率都将逐渐降下来。这也是一个无限的宇宙，确切地说是无限无边的宇宙。

那么，我们的宇宙到底属于上述三种情况的哪一种呢？我们宇宙的空间曲率到底为正，为负，还是为零呢？这个问题要由观测来决定。

广义相对论的研究表明，宇宙中的物质存在一个临界密度 pc，大约是每立方米三个核子（质子或中子）。如果我们宇宙中物质的密度 p 大于 pc，则三维空间曲率为正，宇宙是有限无边的；如果 p 小于 pc，则三维空间曲率为负，宇宙也是无限无边的。因此，观测宇宙中物质的平均密度，可以判定我们的宇宙究竟属于哪一种，究竟有限还是无限。

哈勃望远镜拍摄到的深空宇宙

此外，还有另一个判据，那就是减速因子。河外星系的红移，反映的膨胀是减速膨胀，也就是说，河外星系远离我们的速度在不断减小。从减速的快慢，也可以判定宇宙的类型。如果减速因子 q 大于 1/2，三维空间曲率将是正的，宇宙膨胀到一定程度将收缩；如果 q 等于 1/2，三维空间曲率为零，宇宙将永远膨胀下去；如果 q 小于 1/2，三维空间曲率将是负的，宇宙也将永远膨胀下去。

我们有了两个判据，可以决定我们的宇宙究竟属于哪一种了。观测结果表明，p < pc，我们宇宙的空间曲率为负，是无限无边的宇宙，将永远膨胀下去！不幸的是，减速因子观测给出了相反的结果，q > 1/2，这表明我们宇宙的空间曲率为正，宇宙是有限无边的，脉动的，膨胀到一定程度会收缩回来。哪一种结论正确呢？有些人倾向于认为减速因子的观测更可靠，推测宇宙中可能有某些暗物质被忽略了，如果找到这些暗物质，就会发现 p 实际上是大于 pc 的。另一些人则持相反的看法。还有一些人认为，两种观测方式虽然结论相反，但得到的空间曲率都与零相差不大，可能宇宙的空间曲率就是零。然而，要

浩瀚的宇宙

统一大家的认识，还需要进一步的实验观测和理论推敲。今天，我们仍然肯定不了宇宙究竟有限还是无限，只能肯定宇宙无边，而且现在正在膨胀！此外，还知道膨胀大约开始于100亿～200亿年以前，这就是说，我们的宇宙大约起源于100亿～200亿年之前。

知识点

三维空间

三维空间，也称为三次元、3D，日常生活中可指由长、宽、高三个维度所构成的空间。在这里"维"表示方向。由一个方向确立的空间模式是一维空间，一维空间呈现直线性，只被"长"的一个方向确立。由两个方向确立的空间模式是二维空间，二维空间呈面性，被"长、宽"两个方向确立。同理，三维空间呈体性，被"长、宽、高"三个方向确立。

太空的膨胀是如何进行的

太阳是太阳系的中心，太阳系中行星都绕着太阳旋转。银河也有中心，它周围所有的恒星也绕着银河系的中心旋转。那么太空有中心吗？一个让所有的星系包围在中间的中心点？

看起来应该存在这样的中心，但是实际上它并不存在。因为宇宙的膨胀一般不发生在三维空间内，而是发生在四维空间内的，它不仅包括普通三维空间（长度、宽度和高度），还包括第四维空间——时间。描述四维空间的膨胀是非常困难的，但是我们也许可以通过推断气球的膨胀来解释它。

我们可以假设宇宙是一个正在膨胀的气球，而星系是气球表面上的点，我们就住在这些点上。我们还可以假设星

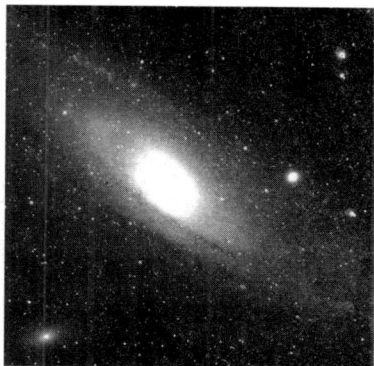

系不会离开气球的表面，只能沿着表面移动而不能进入气球内部或向外运动。从某种意义上可以说我们把自己描述为一个二维空间的人。

如果宇宙不断膨胀，也就是说气球的表面不断地向外膨胀，则表面上的每个点彼此离得越来越远。其中，某一点上的某个人将会看到其他所有的点都在退行，而且离得越远的点退行速度越快。

现在，假设我们要寻找气球表面上的点退行的地方，那么我们就会发现它已经不在气球表面上的二维空间内了。气球的膨胀实际上是从内部的中心开始的，是在三维空间内的，而我们是在二维空间上，所以我们不可能探测到三维空间内的事物。

同样的，宇宙的膨胀不是在三维空间内开始的，而我们只能在宇宙的三维空间内运动。宇宙开始膨胀的地方是在过去的某个时间，即亿万年以前，虽然我们可以看到，可以获得。有关的信息，而我们却无法回到那个时候。

来去无踪的飞碟之谜

1947 年 6 月的一天，一个美国人正驾驶着飞机在天空飞行。突然，他发现有几个巨大的圆盘形的东西向华盛顿州的莱尼尔山峰飞去。他估计这个"怪物"的直径有 30 多米。这消息一下成了轰动一时的世界新闻。因为这种"怪物"是圆盘形的，所以人们称它为"飞碟"。

飞碟，又名 UFO（英语 Unidenfificed Flying Object 的缩写），意思是不明

闪闪发光的飞碟

飞行物。20 世纪以来，千姿百态的飞碟频频光临地球，目击者成千上万。"飞碟"使许多探险家和科学家心向神往。它究竟是什么东西？是从什么地方飞来的？专家们众说纷纭，其中最激动人心的说法是："飞碟"是其他星球上高度智慧的生物发射来的飞船，且不同形状的飞碟来自不同的星球。

事实上，飞碟之谜很早就有。我

国宋代科学家沈括的《梦溪笔谈》中就有类似记载。

"卢中甫家吴中，尝未明而起，墙柱之下，有光熠然，就视之，似水而动，急以油纸扇挹之，其物在扇中涅晃，正如水印，而光焰灿然，以火烛之，则了无一物。又魏国大主家亦常见此物。李团练评尝与予言，与中甫所见无少异，不知何异也。"

清代画家的《赤焰腾空》被认为是一篇详细生动的飞碟目击报告。画面是南京朱雀桥上行人如云，皆在仰目天空，争相观看一团团熠熠火焰。画家在画面上方题记写道："九月二十八日，晚间八点钟时，金陵（今南京市）城南，偶忽见火毯（即球）一团，自西向东，形如巨卵，色红而无光，飘荡半空，其行甚缓。维时浮云蔽空，天色昏暗。举头仰视，甚觉分明，立朱雀桥上，翘首踮足者不下数百人。约一炊许渐远渐减。有谓流星过境者，然星之驰也，瞬息即杳。此球自近而远，自有而无，甚属濡滞，则非星驰可知。有谓儿童放天灯者，是夜风暴向北吹，此球转向东去，则非天登又可知。众口纷纷，穷于推测。有一叟云，是物初起时微觉有声，非静听不觉也，系由南门外腾越而来者。嘻，异矣！"

中世纪及近代欧洲类似传闻也很多。在梵蒂冈埃及博物馆的收藏物中，人们发现了一张古老的埃及纸莎草纸。它记录了公元前1500年左右图特摩西斯三世和他的臣民目击飞碟群出现的场面：

"22年冬季第3日6时……生命之宫的抄写员看见天上飞来一个火环……它无头，喷出恶臭。火环长一杆，宽一杆，无声无息。抄写员惊惶失措，俯伏在地。他们向法老报告此事。法老下令核查所有生命之宫草纸上的记载。数日之后天上出现更多此类物体，其光足以蔽日，火环强而有力。法老站于军中，与士兵静观奇景。晚餐之后，火环向南天升腾。法老焚香祷告，祈求平安，并下令将此事记录在生命之宫的史册上以传后世。"

近年来关于飞碟的传说更多，更离奇。据报道：1976年12月29日，飞碟骚扰西班牙军营。它像两个重叠在一起的碟子，顶部有一个圆盖，底部有一个黑暗的圆环区，发射出蓝色的强光。军营内骤然停电，警犬狂吠，被强光照射中的哨兵呆若木雕，一动也不能动了。直到飞碟离去，军营才恢复正常。

飞碟已引起了人们的普遍关注，飞碟的照片也已有132种之多，人们期待着能够尽早揭开飞碟之谜。

地外生命存在的推测和寻找

在时间和空间无穷大的太空中，有数也数不清的与地球环境类似的天体。据天文学家估计，仅银河系就有约100万颗条件类似地球的行星或卫星，在这些天体上，外星人是很有可能生存的。不过我们至今还未发现外星人的踪影。人们怀疑许多不明飞行物和外星人有关，但这仅仅是猜测而已。

生命只能出现在能发出光和热的恒星周围的行星上，但并非所有恒星都必然带有行星。星云说认为，恒星是从自转着的原始星云收缩形成的。收缩时因角动量守恒使转动加快，又因离心力的作用星云逐渐变为扁平状。当中心温度达700万摄氏度时出现由氢转变为氦的热核反应，恒星就诞生了。盘的外围部分物质在这过程中会凝聚成几个小的天体——行星。

星云说可以合理解释许多观测事实，但也存在一些困难。另一方面，计算机理论模拟计算表明，如果星云物质在收缩过程中没有角动量转移，那结果不会形成一个中央恒星和周围一些小质量行星，而是会形成双星。在双星系统中即使形成行星，不用多久它们也会落入某颗恒星中，或者被抛入宇宙空间，不可能长期在恒星周围存在。

看来大自然给原始星云两种发展的可能：物质保持它原有角动量，演化后形成双星；或者两者在演化过程中恰到好处地分道扬镳，结果生成中央恒星以及绕它运转的行星。

生物的进化是一种极为缓慢的过程，所经历的时间之长完全可以同太阳的演化过程相比。化石的研究发现，早在35亿年前地球上就已有了一种发育得比较高级的单细胞生物，称为蓝——绿藻类。根据恒星演化理论以及对地球上古老岩石和陨星物质的分析知道，太阳和地球的形成比这种生物的出现还要早10亿~15亿年。太阳系形成后大约经过50亿年之久地球上才有人类。

现在设想把每50亿年按简单比例压缩成1"年"。用这样的标度1星期相当于现实生活的1亿年，1秒相当于160年。从宇宙大爆炸起到太阳系诞生，已经过去了大约2年时间。地球是在第3年的1月份中形成的。三四月份出现了蓝——绿藻类这种古老单细胞生物。嗣后，生命在缓慢而不停顿地进化。9月份地球上出现了第一批有细胞核的大细胞，10月下旬可能已有了多细胞生物。到11月底植物和动物接管了大部分陆地，地球变得活跃起来。12月18日恐龙出现了，这些不可一世的庞然大物仅仅在地球上称霸了一个星期。除夕晚上11时北京人问世了。子夜前10分钟尼安特人出现在除夕的晚会上。现代人只是在新年到来前的5分钟才得以露面，而人类有文字记载的历史则开始于子夜前的30秒。近代生活中的重大事件在旧年的最后数秒内一个接一个加快出现，子夜来临前的最后一秒钟内地球上的人口便增加了两倍。

由此可见地球诞生后大部分时间一直在抚育着生命，但只有很短一部分时间生命才具有高级生物的形式。

现在我们看到了，智慧生物的诞生要求恒星必须至少能在约50亿年时间内稳定地发出光和热。恒星的寿命与质量大小密切相关。大质量恒星的热核反应只能维持几百万年，这对于生命进化来说是远远不够的。只有类似太阳质量的恒星才是合适的候选者，银河系内这样的恒星约有1000亿颗，除双星外单星大约是400亿颗。单星是否都有行星呢？遗憾的是我们对其他行星系统所知甚少，但是确已通过观测逐步发现一些恒星周围可能有行星存在。考虑到太阳系客观存在，甚至大行星还有自己的卫星系统，不妨乐观地假定所有单星都带有行星。

有行星不等于有生命，更不等于有高等生物。关键在于行星到母恒星的距离必须恰到好处，远了近了都不行。由于认识水平所限我们只能讨论有同地球类似环境条件的生命形式，特别要假定必须有液态水存在。太阳系有八大行星，但明确处在能有条件形成生物的所谓生态圈内的只有地球。金星和火星位于生态圈边缘，现已探明在它们的表面都没有生物。

对一颗行星来说，能具有生命存在所必须满足的全部条件实在是十分罕见的。太阳系中地球是独一无二的幸运儿。详细计算表明，在上述400亿颗单星中，充其量也只有100万颗的周围有能使生命进化到高级阶段的行星。

另一个限制条件是地外生命应该与地球上生命有类似的化学组成。天文观测表明，除少数例外，整个宇宙中化学元素的分布相当均匀，因而完全有理由相信在遥远行星上也能找到构成全部有机分子所需要的材料。事实上已经在不少地方发现了许多比较复杂的有机分子。因而可以认为，生命在某个地方只要理论上说可以形成，实际上也确实会形成。于是银河系中就会有 100 万颗行星能有生命诞生，不过每颗行星上的生命应当处于不同的进化阶段。

作为探索太空奥秘的工作的一个部分，科学家也在积极地探索地球以外的生命，也在积极地搜寻有没有外星人的信息。这种科学的探索早在 20 世纪 50 年代就开始了。1959 年，科可尼和莫里森两人合写了一篇文章，登在英国著名的《自然》杂志上。文章说根据他们的计算，如果宇宙中别的地方有智慧生命，而且它们的科学水平和我们 1959 年的水平相当，那么，它们应该可以收到地球人发射的无线电信号。同样，如果它们想向我们发射无线电信号，我们也可以收到。尽管距离极其遥远，需要几千、几百年才能交谈一句话，但是毕竟是可以交流的。他们俩还研究了进行星际无线电波交流的最佳波长，这个波长是氢原子的 21 厘米波长。因为，氢是宇宙中最丰富的元素，而且它的 21 厘米波长也容易探测到。

这篇文章大大地激发了人们探测地外文明的热情，增强了人们的信心。因为它告诉我们，只要有外星人，只要外星人的科技水平和我们差不多，我们之间就可以互相交流。这篇文章是科学的探测外星人的开始。

16 世纪，有人用望远镜观测火星时，发现了许多互相交错的网纹，便以为那是"火星人"开凿的"运河"。1935 年，美国一家电台广播说火星人来到了地球，引起了一场虚惊。而英国一位作家创作了一本名为《大战火星人》的科幻小说，其中对火星人作了许多绘声绘色的描述，更引发了一系列有关"火星人"的小说和电影的诞生。

到底有没有火星人？在只有望远镜的时代，它一直是个谜。到了 20 世纪 60 年代，探测飞船终于上到了火星，解开了这个一直困扰人们的谜：火星比地球冷得多，表面到处是泥土石块，经常狂风大作，飞沙走石，上面没有任何生物，当然更没有火星人。这个谜解开以后，天文学家进一步分析认为：在太阳系里，除地球外，其他行星都没有生物生存所必需的环境条件。因此，地球上的人类是太阳系里唯一有智慧的生物，要找外星人，必须到太阳系之外。

1972 年，美国发射了"先驱者 10"号飞船，它于 1987 年飞出了太阳系，飞船上的金属片刻画了人类的形象、人类居住的地球以及太阳系的位置。1977 年，美国的"旅行者 1 号"又给外面的世界带去了更丰富的信息，包括一部结实的唱机和一张镀金的唱片，唱片上收录了几十种人类语言和多首音乐作品（其中有中国的古曲）。人们热切地期望外星人会收到它。

为了和外星人取得联系，科学家们甚至还制造了庞大复杂的设备，试图向外星发射信息和接收来自外星的信息。但是，经过了许多努力，人们依然没有找到外星人。一些见到外星人的说法也仅仅是传说，难以得到有力的证实。

据报道，美、俄两国专家目前正在联合研究一种来自外太空的神秘电讯号，这些电讯号被认为是发自5万年前的某个星球的求救呼叫，据说科学家们已成功地利用计算机将这组讯号的主要部分破译出来了，大意为：请指引我们到第4宇宙，发生爆炸。我们的处境十分危险。我们的时间117.098，位置在12银河系。

关于外星人的传说话众说纷纭，外星人的形状在人们的想象中也是形态各异。人们还有金星人、火星人、小绿人、外星巨人等等推测或猜想，但目前均未找到确凿的证据。地球人正在努力寻找来自外星的知音，但是结果如何，至今还是一个谜。

知识点

星云说

星云说是提出最早，也是在当代天文学上最受重视的一种关于太阳系产生的学说。最初的星云说是在18世纪下半叶由德国哲学家康德和法国天文学家拉普拉斯提出来的。他们认为太阳系是由一块星云收缩而成的。现代星云说完善了这种说法，认为形戌太阳系的是银河系里的一团密度较大的星云。

在火星上寻找生命

火星很像地球，它不仅有坚硬的固体表面，而且在它上面也有四季的交替。尤其令人瞩目的是，在望远镜中看到它那白色的极冠，竟随着季节在增大或缩小，好像地球上白雪皑皑的两极，由于夏季温度升高冰雪消融，冬季温度降低冰雪又重新冻结一样。同时火星表面暗黑区域也在随季节变化，好像那里也和地球一样，植物在春季发芽，夏季繁茂，秋季结果，冬季凋零。由此人们想象着火星上也许是生机盎然的世界。但实际上火星表面干燥，昼夜温差100摄氏度以上，最低温可达零下139摄氏度，大气稀薄，不适于生命物质生存。但火星上存在着由流水形成的干涸河床，说明古老年代里，可能有过液态水在那里流过，当时的生命物质可能是因火星环境的逐渐恶劣而消失。

2001年2月26日，美国国家航空航天局宣布，科学家们发现了在火星上可能存在原始微生物的新的有力证据。该局在一份声明中说一支国际研究队伍对一块在南极发现的火星陨石进行了检测，结果在石内发现了呈长链状排列的磁晶体，这样的排列形状只有在微生物的作用下才会形成。

声明说："我们发现的这种长链是微生物作用的产物。如果没有有机体的作用，这种磁性长链立即就会因磁力崩塌。"链中的每个磁晶本都是一粒非常细小的磁铁，而磁铁是铁的氧化物，就像铁锈一样。

持反对观点的人很多，美国首席生物学家佩斯谨慎地认为，在火星找到生命的可能性不大。因为在人类所处的太阳系，除了地球以外，还没有哪个星球拥有适合生命存在的条件。但他补充，或许高达27500米的火星奥林匹斯山下的土壤，可以帮助地下水进行循环，这是火星生命可能存在的最好地方。

太空专家研究指出，火星地下冰冻水的水域面积达到57441平方千米、水深281米，比容量4875立方千米的美国密执安湖两倍还多。如果换算成面积为4583平方千米、水深18.6米、湖水容量85.4立方千米的青海湖，则足以填满超过114个青海湖。

根据初步估计，火星地下含冰层的深度随纬度不同而有所差异。在火星南纬60度地区，表面之下60厘米处就是含冰层。南纬75度地区的含冰层相对较浅，距离火星表面仅30厘米。除南半球外，火星北半球也有类似的地下含冰层。以质量测算，火星含水层中冰冻水比例可能达到20%~35%。

在火星上发现了水，水又恰是生命诞生的泉源，于是火星生命的存在与否又成了一个空前的焦点话题。诚如美国国家航空航天局的负责人所说："我们将沿着水的痕迹继续在火星上寻找生命。"

有机生命能否在太空诞生

20 世纪 60 年代，轰动天文学界的大事要首推星际分子的发现。长期以来，人们总认为星际空间，除了它固有的一些天体物质外，再没有别的物质了，它是一片真空。在以后的不断探索中，天文学家才终于发现，在星际空间充满了各种微小的星际尘埃、稀薄的星际气体以及各种宇宙射线和粒子流。到目前为止，已发现的星际分子多达 50 多种，其中既有无机分子，也有有机分子。

星际分子的发现，无疑为推测地球之外的其他星球存在生命物质，甚至可能是有高等智慧的生命物质，提供了重要的依据。我们知道，构成生命的基础——蛋白质的主要成分是氨基酸分子。它是一种有机分子，目前尽管在宇宙太空中还没有直接观测到它，但是，模拟实验表明，在地面实验室里用氢、水、氨、甲烷及甲醛等有机物可以合成氨基酸，而这些原材料在太空中大量存在。不难想象，只要在太空中有适合的环境，有机生命的诞生是完全可能的。然而，这还仅仅是一种推测，真正的奥秘还需要通过更深入的探索研究，才能揭开。

SS_{443} 中的奇异现象

1978 年，天文学家发现了一个奇异天体，叫做 SS_{443}。它在牛郎星附近，是银河系的一员，离地球大约 1.1 万光年。其实，这个天体在 50 年前就被人们发现过，当时人们只把它当做普通的恒星，没有引起重视。后来，它被编入由斯蒂芬森和桑杜列克两人合编的星表。因为他俩的姓的头一个字母都是 S，这个天体在星表中排在第 443 号，所以称为 SS_{443}。

SS_{443} 所以成为一个谜，是因为人们发现，在它的光谱中有许多发生了很大红移和很大蓝移的氢的谱线。一般讲，引起谱线移动的原因是天体运动。红移意味着天体离我们远去，蓝移显示天体向我们飞来。SS_{443} 的光谱表明，天体中的一部分物质正以每秒 3 万千米的速度向我们飞来，而另一部分物质却以每秒 5 万千米的速度离我们而去。同一个天体以两种相反方向运动，这是普通恒星不可能有的现象。因此，SS$_{443}$的出现，使科学家大惑不解。

人们还发现，1977 年 9 月到 11 月这两个月里，SS$_{443}$的红移量和蓝移量都越来越大，可是到了年底又逐渐减小。经过持续的观测，人们才明白它的红移和蓝移都在发生周期性的变化。因为许多新的天文发现都是从某种天体的周期特征开始的，所以人们预计，SS$_{443}$很可能藏有一些新的宇宙奥秘。

SS$_{443}$到底是什么，人们至今还只能猜测。有人说它不过是个黑洞；有人认为是沿着两个相反方向喷射物质的天体。

知识点

红 移

在物理学和天文学领域，红移是指物体的电磁辐射由于某种原因波长增加的现象，在可见光波段，表现为光谱的谱线朝红端移动了一段距离，即波长变长、频率降低。红移的现象目前多用于天体的移动及规律的推测上。红移有 3 种：多普勒红移：由于辐射源在固定的空间中远离我们所造成的；引力红移：由于光子溢脱引力场向外辐射所造成的；宇宙学红移：由于宇宙空间自身的膨胀所造成的。

月球正、背面差异之谜

月球是地球的唯一卫星，由于月球绕轴自转的周期与绕地球公转的周期相同，都是 27.3 天，所以几十亿年来，它总是以同一面对着地球，人们只能看到月貌的 59%，它的背面形态如何就成为人类文明史上的千古之谜。直到 1959 年 10 月，苏联的"月球 3"号探测器拍得了月背的第一批照片，才使人类看到了月背的概貌。但是随着观测的深入，今天的月背之谜比过去更多，更复杂了。这主要是月背与月球正面的显著差异，令人迷惑不解。

月球背面与正面的最大差异是它的大陆性。在总共 30 来个月球"海洋"、和"湖"、"沼"、"湾"等凹陷结构中，90% 以上都在正面，约占正半球面积的一半。月背上完整的"海"只有两个，仅占背半球面积的不足10%，月背其余90%多的地方都是山地，山地的分布呈现出几个巨大的同心圆结构，地形严重凹凸不平，起伏悬殊，这种地势是正面所没有的。

另一怪事是月球的最长半径和最短半径都在月背。一般天文学书上说月球直径3476千米或半径1738千米，都是指平均值。实际上，月球半径最大处比平均半径长4千米，最小处比平均半径短5千米，而且都在月背。

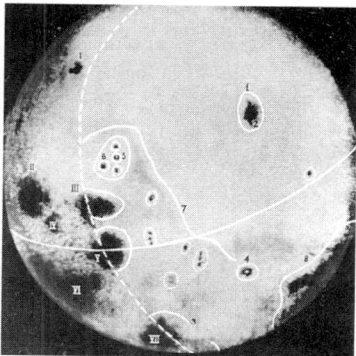

月球正、背之差的又一表现是月瘤都集中在正面。月瘤也叫月质量瘤，是月球表面重力比较大的地方，科学家们估计，在这些地方的月面以下集中着比较多的高密度物

70%月背面积图

质。此外，月球上还有些地方重力分布小于正常值。奇怪的是，月瘤所在的正异常区和重力偏小的反异常区都在正面，而且发现了多处，月背上却一处也没有。

为什么会造成月球正面与背面这些显著的差异呢？科学界有种种不同见解。有人认为，当地球运转到太阳与月亮之间，月亮上便发生了日全食（在地球上却是月全食），日全食会形成月正面巨大温差，一次又一次温度骤变造成了正背面的差别。有人认为，是地球吸引月球而使月球发生像潮水涨落那样的现象，即"固体潮"造成了正背面的差别。但这些解释都不大令人信服。多数人认为，应该从月球自身的结构和运动来说明月背之谜，但是今天还没有一个好的说明。

木星橘红斑形成之谜

1973年12月，美国宇宙飞船"先锋10"号拍下了木星表面的彩色照片。人们发现在木星的南半球有一个色泽鲜艳的橘红斑。这与罗巴特·福克在1664年画的木星图中的橘红斑很像，也同1831年留下的木星照片一样。这就说明，木星上的橘红斑至少已经存在 300 多年，并且位置也没有太大变动。这个橘红斑究竟是什么？至今还是一个谜。

木星红斑

科学家研究表明，木星大气层的温度低达零下 129 摄氏度。但是，根据美国 1973 年的探测，木星内部的温度却很高。于是有人推测橘红斑是木星内部温度最高的地方。内部的物质形成柱状漩涡，不断向外喷发，柱状漩涡与大气发生作用，形成橘红色物质。但这种说法现在缺乏证据。还有人设想，大橘红斑是木星产生卫星的地方。也有人认为，橘红斑就是带橘红色的一氧化碳的漩涡在木星大气层移动形成的。

木星南半球还有一个巨大的呈椭圆状的白点，有人认为那是由木星表面的飓风形成的云柱，木星是一个狂飙肆虐的地方。也有人设想，橘红斑可能是巨大的风暴，外面看是一个强大的漩涡，或者是一团沿逆时针方向迅速旋转并猛烈上升的强气旋。气旋中含有红磷化合物，所以呈橘红色。

旋臂密度分布之谜

漩涡星系都有几条美丽动人的长臂——旋臂，旋臂上拥挤着密集的星星和气体尘埃。然而，旋臂的存在却令人费解。一般说来，在引力作用下，星系应该是一个扁圆盘，不可能形成漩涡结构。即使暂时出现旋臂，在星系自转过程中，由于靠里面的恒星转动得快，外边的转得慢，星系形成不久旋臂就会缠紧。可是从银河系诞生到现在，太阳已经围绕银河中心旋转了 20 多圈，却没有发现旋臂缠紧。这究竟是怎么回事呢？密度波理论能较好地回答这个问题。

密度波是一种形象的比喻。假设有一段马路正在翻修，路面上只留了一条窄小的通道，那么这个地方就会显得非常拥挤，尽管汽车还是一辆辆地过去了，如果从天空中鸟瞰，好像看到这里一天到晚挤满了车辆。在星系中，旋臂就好像翻修的路段，这个地方恒星比较多，引力强，所以不仅吸引了大量的气体尘埃，而且当恒星通过这里时，都减慢了速度，使这里显得拥挤，远远看去就呈现出漩涡状的结构。事实上，

漩涡旋臂

旋臂中的恒星是不断地运动、更替的。

密度波只是告诉我们漩涡到底是什么，至于为什么偏偏会形成这样的密度分布，还是一个没有解开的谜。

神秘的宇宙"黑洞"

几十年以前，科学家们根据爱因斯坦广义相对论的理论研究，就预言了这种叫做"黑洞"的天体。

黑洞是一种非常奇怪的天体。它的体积很小，而密度却极大，每立方厘米就有几百亿吨甚至更高。假如从黑洞上取来小米粒那样大小一块物质，就得用几万艘万吨轮船一齐拖才能拖得动它。如果使太阳变成一个黑洞，那么它的半径就得收缩至不到3千米。

因为黑洞的密度大，所以它的引力也特别强大。大家都知道，由于地球的引力，踢出去的足球还会落到地球上。而速度很大的人造卫星，就能够克服地球的引力作用飞到太空去遨游。黑洞的情况和地球可就不太一样了，黑洞的引力极其强大，黑洞内部所有的物质，包括速度最快的光都逃脱不掉黑洞的巨大引力。不仅如此，它还能把周围的光和其他物质吸引过来。黑洞就像一个无底洞，任何东西到了它那儿，就不用想再"爬"出来了。给它们命名为"黑洞"是再形象不过了。

据推测："黑洞"是 3 倍以上太阳质量的老年恒星塌缩的归宿，一个质量大于 3 个太阳质量的恒星，当它的核燃料消耗尽以后，就将坍缩成黑洞。如果恒星质量不超过 1~2 个太阳质量时，就将坍缩成白矮星。如果恒星质量在 1~3 个太阳质量范围时，就会塌缩成中子星。

黑洞射流冲击现象

黑洞既然看不见，那么我们用什么办法来找到它们呢？这就得利用黑洞的巨大引力作用了。如果黑洞是双星系统的一个成员，而另一个成员是可观测恒星，那么由于黑洞的引力作用，恒星运动会发生有规则的变化，从这种变化可以探测出不可见黑洞的存在。还有，黑洞周围的物质在黑洞强大引力的吸引下，会表现出古怪的运动方式。它们在源源不断地流入黑洞时，会发射出很强的 X 射线、γ 射线等。这是目前寻找黑洞的另一条线索。此外，黑洞还会影响邻近光线的传播，产生所谓的引力透镜现象。当然，所有这些寻找黑洞的工作都不是轻而易举的。

"天鹅 X - 1"是个很强的 K 射线源，它有一颗看不见的伴星，根据"天鹅 X - 1"的运动，可以判断这颗伴星的质量约为太阳的 10 倍，很多人认为它可能是个恒星级的黑洞。天文学家还发现许多星系的核心有剧烈的活动，我们称它们为活动星系核。它们的中心极可能是些巨大的黑洞，在贪婪地吞食周围物质的同时，发射出极巨大的能量。有些人还认为我们银河系的中心也有一个大黑洞，它的质量是太阳的百万倍。

···➡➡ 知识点

中子星

简单地说，中子星就是质量没有达到可以形成黑洞的恒星在寿命终结时塌缩形成的一种介于恒星和黑洞的星体。中子星有着极高的亮度和质量，其密度要比地球上任何物质密度不知要大上多少倍。根据计算，当老年恒星的质量大于十个太阳的质量时，它就有可能最后变为一颗中子星，而质量小于十个太阳的恒星往往只能变化为一颗白矮星。

理论中的宇宙"白洞"

从定义上来说，白洞与黑洞是物理学家们根据黑洞在爱因斯坦的广义相对论上所提出的物体。物理学界和天文学界将白洞定义为一种致密物体，其性质与黑洞完全相反。白洞并不是吸收外部物质，而是不断地向外围喷射各种星际物质与宇宙能量，是一种宇宙中的喷射源。简单来说，白洞可以说是时间呈现反转的黑洞，进入黑洞的物质，最后应会从白洞出来，出现在另外一个宇宙。由于具有和"黑"洞完全相反的性质，所以叫做"白"洞。它有一个封闭的边界。聚集在白洞内部的物质，只可以向外运动，包括基本粒子和场，而不能向内部运动。因此，白洞可以向外部区域提供物质和能量，但不能吸收外部区域的任何物质和辐射。白洞是一个强引力源，其外部引力性质与黑洞相同。白洞可以把它周围的物质吸积到边界上形成物质层。白洞学说主要用来解释一些高能天本现象，目前天文学家还没有实际找到白洞，还只是个理论上的名词，白洞是理论上通过对黑洞的类比而得到的一个十分"学者化"的理论产物。

白洞学说出现已有一段时间，1970 年捷尔明便提出它们存于类星体，剧烈活动的星系中的可能性。相对论和宇宙论学者早已明白此学说的可能性，只是这与一般正统的宇宙观不同，较不易获得承认。某些理论认为，由于宇宙物体的激烈运动，或者星系一部喷出的高能小物体，它们遵守着克卜勒轨道运动。这是一种高度理想化的推测，亦即一个地方有几个白洞，在星系核心互相旋转，偶然喷出满天星斗。喷出的白洞演化成新星系。而从星系团的照片中可观察到一系列的星系由物质连接起来。这显示它们是由一连串剧烈喷射所形成的。照此来说，白洞可能会像阿米巴原虫一样分裂生殖，由分裂而形成星系。然而这又和目前的理论相违背。

从此看来，就是星系生成也有不同见解。有的天文学家便提出并接受宇宙之初便有不均匀物质的结块，而其中便包含了白洞。宇宙向最初奇点收缩，星系、星系群都同一动作，这当然和黑洞的奇点相似。宇宙的不同区域，其密度皆不同，收缩时首先在高密度的地方，达到了黑洞的临界密度，从此消失在事界之后，宇宙不断收缩，使不断出现高密奇点。宇宙成为大量黑洞及周围物质的集合体。然而事实上，宇宙是膨胀而非收缩的，因此它是白洞而不是黑洞。在宇宙整体性原始的大奇点中存在着密度高的小质点，它们随着膨胀向四面八方扩散，大白洞大量爆发生出小白洞。星系等不均匀物体，正是由它生成的。不均匀物体之所以易和黑洞拉上关系，皆是因为它和膨胀现状相对称的宇宙中局部收缩的过程。目前宇宙中黑洞和白洞的存在是并行不悖的，是过程的两个端点而已。黑洞奇点是物质末期塌缩的终点，白洞物质的奇点是星系的始端。只不过各过程不是同时，而是先后交错的。

科学家们普遍认为，自从大爆炸以来，我们的宇宙在不断膨胀，密度在不断减少。因此，现在正在膨胀着的天体和气体乃至整个宇宙，在200多亿年以前，是被禁锢在一个"点"（流出奇点）上，原始大爆炸后，开始向外膨胀，当它们冲出"视界"的外面，就成为我们看得见的白洞。

与上述相反的一种观点认为，由于原始大爆炸的不均匀性，一些尚未来得及爆炸的致密核心可能遗留下来，它们被抛出以后仍具有爆炸的趋势，不过爆炸的时间推迟了，这些推迟爆发的核心——"延迟核"就是白洞。

也有人认为，白洞可能是黑洞"转化"而来的。就是说，当黑洞的坍缩到了"极限"，就会经过内部某种矛盾运动质变为膨胀状态——反坍缩爆炸，这时它便由向内积吸能量，转变为从中心向外辐射能量了。

最富吸引力的一种观点认为，像宇宙中有正负粒子一样，宇宙中也一定存在着与黑洞（负洞）相同，而性质相反的白洞（正洞）。它们对应地共生在某个宇宙膨胀泡的泡壁上，分属两个不同的宇宙。

由于我们的宇宙中存在着10万多个黑洞，同样也可能存在着数目相等的白洞。于是，在宇宙继续膨胀过程中，白洞周围一些质量稍许密集区域就变得更加密集；黑洞周围的一些质量稍微稀薄的区域就变得更加空虚。这些大片空虚的区域就是空洞。

到目前为止，"白洞"还只是个理论名词，科学家并未实际发现。在技术上，要发现黑洞，甚至超巨质量黑洞，都比发现白洞要容易得多。也许每一个黑洞都有一个对应的白洞！但我们并不确定是否所有的超巨质量的"洞"

都是"黑"洞，也不确定白洞与黑洞是否应成对出现。但就重力的观点来看，在远距离观察时两者的特性则是相同的。

当人们有了很复杂的数字工具来分析这些相关方程式，他们发现了更多。在这个简单的情形下时空结构必须具备时间反演对称性，这意味着如果你让时间倒流，所有一切都应该没什么两样。因此如果在未来某个时刻光只能进不能出，那过去一定有个时刻光只能出不能进。这看上去就像是黑洞的反转，因此人们称之为白洞，虽然它只是黑洞在过去的一个延伸。

但在现实中白洞可能并不存在，因为真实的黑洞要比这个广义相对论的简单解释所描述的要复杂得多。他们并不是在过去就一直存在，而是在某个时间恒星坍塌后所形成的。这就破坏了时间反演对称性，因此如果你顺着倒流的时光往前看，你将看不到这个解中所描述的白洞，而是看到黑洞变回坍塌中的恒星。

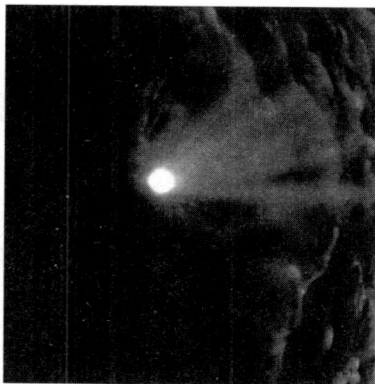

白洞现象

我们知道，由于黑洞拥有极强的引力，能将附近的任何物体一吸而尽，而且只进不出。如果我们将黑洞当成一个"入口"，那么应该就有一个只出不进的"出口"，就是所谓的"白洞"。黑洞和白洞间的通路，也有个专有名词，叫做"灰道"（即"虫洞"）。虽然白洞尚未发现，但在科学探索上，最美的事物之一就是许多理论上存在的事物后来真的被人们发现或证实。因此，也许将来有一天，天文学家会真的发现白洞的存在。

知识点

虫　洞

简单地说，"虫洞"就是连接宇宙遥远区域间的时空细管。暗物质维持着虫洞出口的敞开。虫洞提供时间旅行的可能性。宇宙学家认为，虫洞也可能是连接黑洞和白洞的时空隧道，由此虫洞也被称为"灰道"。据科学家猜测，宇宙中充斥着数以百万计的"虫洞"，但很少有直径超过 10 万千米的。

找寻通古斯爆炸"元凶"

1908 年 6 月 30 日上午 7 时许，在俄国西伯利亚中部通古斯地区，一个比太阳还要耀眼夺目的火球，沿着大约 275 度的方位角呼啸着从天而降，顷刻之间，一声炸雷，震耳欲聋。爆炸的巨响传到千里之外，发出的冲击波把方圆 100 千米内所有房屋的门窗玻璃震坏，甚至远在三五百千米之外的人物，也被突然一击打倒在地。2000 多平方千米的森林树木轰然倒下，大火

通古斯爆炸于原子弹爆炸类似

使周围成为一片焦土。世界上所有的地震仪都记录下一段异乎寻常的曲线。

这是 20 世纪初，也是人类历史以来"亲眼目睹"的最大的一次"爆炸"。据估计，爆炸威力相当于数千万吨"TNT"烈性炸药，或者说，与几千颗 1945 年 8 月投掷在日本广岛的原子弹的威力不相上下。

究竟是什么东西在通古斯爆炸了呢？人们首先想到的是陨星。1927 年，苏联科学院组织了以库利克教授为首的考察队，左爆炸现场进行实地调查。一般情况下，陨星坠落的中心区域总有一些大小不等的陨星坑，在附近可以捡到大量的陨星碎片。这里的情况却完全不同，既无大陨星坑，也没有陨星碎片。考察队挖了好几十米深，仍然是一无所获，奇怪！陨星哪里去了？

正当科学家百思不得其解之际，苏联作家卡萨采夫大胆地提出一种新颖的假说。他在一篇小说中提出了自己的看法：通古斯事件是一艘来自地球之外的核动力宇宙飞船"失事"造成的。但是，现实的调查却给核爆炸说浇了一瓢冷水，因为科学家没有找到该地区在 1908 年受到核辐射的证据。

1958 年，苏联科学家对出事地点再度进行了考察。终于发现，该地区土壤中含有铁质陨星尘微粒，其中含有 7% ～10% 的镍，而地球上铁矿中的镍含

量最高也不会超过3%。后来，别的考察队又从当地沼泽灰泥土中发现了一些玻璃陨体、金属颗粒、硅化物颗粒和很小的金刚石颗粒，而这些物质正是彗星或小行星等行星际小天体的典型化学成分。从而证实通古斯事件的"肇事者"可能是某颗彗星的碎片，或者说是一颗小行星，它的直径约100米，质量在百万吨以上。当它以30千米/秒的速度撞入地球，因与地球大气剧烈作用，温度升高到几千摄氏度乃至上万摄氏度而发生爆炸，造成了震惊世界的通古斯事件。由于爆炸发生在高空，因而就没有在地面上留下陨星坑。

但这也是推理，还缺乏直接证据，所以关于通古斯爆炸的原因，科学家们还在研究取证，至今仍是一个迹。

星系核缘何发生剧烈爆发

像银河系这样的漩涡星系和许多巨大的椭圆星系的核心部分，是十分动荡不安的区域。室女座A是一个巨椭圆星系，从它的中心核的照片上看到，有一个发亮的长条从核心部分延伸出去，与红色的中心核相比，显得很蓝，在它的两端还有两个小亮点。大量的观测事实表明，这些东西是从星系核中心喷射出来的强大气流，它的速度大约每秒2500千米，长度约5000光年。这是星系核剧烈爆发的一个壮景，这种爆发的能量为超新星爆发能量的1030万倍以上。

明亮星系核

塞佛特星系是星系核活动异常的星系，它的核心经常发生猛烈的爆发。如N_CC_415星系的核特别明亮，从这个地方每年约有相当于100个太阳的物质抛射出来，总能量相当于1000亿个太阳发射的光芒。

现在发现一些强烈的射电源也是发生过爆发的星系。天文学家认为，天鹅座A两侧的两个发射电波的"眼珠"是其中心部分大爆发的产物，半人马座A的正中央有一条又暗又宽的带子横贯而过，里面是流动的气体，许多恒星正从这些气体中延生。按理说，椭圆星系内部不存在气体，这里的气体是多次爆发的产物。这从它的四个射电"眼珠"的活动中得到证实。

大量事实表明，星系中心核的爆发绝不是特殊现象。事实上，许多星系核都有程度不等的爆发。银河系虽然现在很平静，但在 1000 万年前中心部分也发生过不很强烈的爆发。遗憾的是，到目前为止，星系核爆发的原因还是一个谜。有些科学家猜测，这种强烈的爆发和大质量的黑洞有关。

宇宙未来会"大爆炸"吗

目前，有更多的科学家认为，我们现在所看到的宇宙，是由 100 亿 ~ 200 亿年之前的一次"宇宙大爆炸"而逐渐演化来的。现在宇宙正在不断地膨胀着，如果它一直膨胀下去，将来会不会再发生大爆炸呢？这个问题引起了人们的极大关注。

宇宙爆炸

宇宙是一个浩瀚无际的物质世界。大爆炸后，宇宙膨胀，星体间离得越来越远，物质密度和温度下降。天体物理学家从理论上发现，宇宙的未来在整体上依赖于把这些正在相互远离的星体拉回到一起之引力的大小，而这个引力的大小又取决于宇宙的平均物质密度。根据计算，如果宇宙的平均物质密度小于或等于 5×10^{-27} 千克/米^3，那么，宇宙就将不断地膨胀下去，最终使我们的银河系好像失群的大雁，孤立地漂泊在寂静的宇宙空间中。如果宇宙的平均密度大于 5×10^{-27} 千克/米^3，那么，宇宙的未来又将呈现另一番景象，即几十亿年后宇宙有可能再发生一次"大爆炸"，使宇宙再度膨胀，正像今天我们所看见的宇宙的样子。这样，宇宙就好像在"膨胀—压缩"之间永无休止地"振荡"下去。也许现在的宇宙已经"振荡"过许多次了。然而，如此茫茫宇宙，目前还无法准确地测量出宇宙的平均物质密度，从而也就无法知道将来宇宙究竟会不会"大爆炸"。由此可见，这仍然是一个难解之谜。